四色江南

——基于江南特色的扬州世园会景观深化设计

王月瑶　陈波　杨翔　钱钰辉　陆云舟◎著

中国电力出版社
CHINA ELECTRIC POWER PRESS

内容提要

从古至今，人们对江南的认识更多只是一种意象，对其具体地区范围、地区环境和地域特色都还是模糊的。为此，本书基于对江南发展历史、地域范围和江南古典园林的梳理，提炼出江南特色园林景观设计的整体特色和分区特色，从而总结归纳基于江南特色的园林景观设计要素与手法，并运用这些要素与手法对江南地区的现代景观设计项目——2021年扬州世园会核心展区公共景观进行分析与深化设计。

图书在版编目（CIP）数据

四色江南：基于江南特色的扬州世园会景观深化设计 / 王月瑶等著 . — 北京：中国电力出版社，2022.12

ISBN 978-7-5198-7317-2

Ⅰ . ①四… Ⅱ . ①王… Ⅲ . ①园艺—博览会—景观设计—扬州— 2021 Ⅳ . ① TU986.2

中国版本图书馆 CIP 数据核字（2022）第 233156 号

出版发行：中国电力出版社
地　　址：北京市东城区北京站西街 19 号（邮政编码 100005）
网　　址：http：//www.cepp.sgcc.com.cn
责任编辑：曹　巍（010-63412609）
责任校对：黄　蓓　于　维
装帧设计：张俊霞
责任印制：杨晓东

印　　刷：三河市航远印刷有限公司
版　　次：2022 年 12 月第一版
印　　次：2022 年 12 月北京第一次印刷
开　　本：787 毫米 ×1092 毫米　16 开本
印　　张：10.25
字　　数：226 千字
定　　价：88.00 元

前言

古人喜欢从文化同质性着手、辅以山川形便，构建出许许多多充满文化韵味的地理区划，如江南、塞北、中原、关中、河西、西域，只是这些古代区域名称，大多已经被历史遗忘，不为现代人所用。唯有“江南”在经历千年起伏之后，仍能让大部分中国人心生向往，集中了中国人对美好事物的全部想象，许多地方都被冠以“某某江南”“小江南”。本书研究的正是文化意义上的江南，地区文化的繁荣，加之优越的自然条件，为造园提供了先天充足的条件，在古典园林时期就代表着中国风景式园林艺术的最高水平。在生态文明新时代背景下，江南现代园林景观如何继续留在神坛，需要研究并总结体现其地域特色的设计方法。

遗憾的是，从古至今，人们对江南的认识更多只是一种意象，对其具体地区范围、地区环境和地域特色都还是模糊的。因此，本书先对江南发展的历史、地域范围和江南古典园林进行了梳理，进而分析江南特色园林景观设计的整体特色和分区特色，从而总结归纳基于江南特色的园林景观设计要素与手法，并运用这些要素与手法对江南地区的现代景观设计项目——2021 年扬州世园会核心展区公共景观进行分析与深化设计。

本书主要的研究成果如下：

（1）分析并研究了江南地区范围的历史发展，明确了现代文化意义上的“新时代江南地区”范围，即以沪苏浙皖三省一市 27 个城市为核心区的长江三角洲地区，相应地，明确了“新时代江南园林”的内涵，即生态文明新时代，在长三角“三省一市”范围内，传承发展江南古典园林风格，并凸显新时代地域特色的园林的统称。

（2）在调查和研究基础上，系统总结了江南园林的总体特色和江南地区三省一市的分区特色，根据各地代表性的自然景观和文化景观，提出了红、黄、蓝、绿“四色江南”的理念。

（3）结合江南地域特色和世园会发展现状，再基于园林景观设计的“造园意匠论”，从确定主题、场地分析、空间布局、要素营造、文化植入、活动策划 6 个方面，提出了具有江南特色的世园会景观设计表达方法。

（4）以首次在江南地区举办的世界园艺盛会——2021 年扬州世园会核心展区公共景观为例，在总结的“四色江南”和“造园意匠论”的支撑下，从“红色江南”——旗园深化设计、“黄色江南”——梦幻叠瀑深化设计、“蓝色江南”——中心湖西区深化设计、“绿色江南”——百草园深化设计、“扬州印象”——市花市树园深化设计和“历史上的园艺”主题活动——古籍《扬州画舫录》中扬州传统生活场景再现策划 6 个方面进行了详细阐述。

作为首次在江南地区举办的世界园艺盛会，2021 年扬州世园会核心展区的公共景观深化设计充分凸显了“江南风情·扬州特色”。扬州世园会核心展区公共景观项目总承包单位——中国五冶集团有限公司聘请浙江理工大学风景园林系副教授、浙江省浙派园林文旅研究中心主任陈波博士为公司高级顾问兼本项目的首席景观专家，指导了项目深化设计和施工过程，本书其他作者跟随导师陈波博士参与了世园会核心展区公共景观的深化设计，并深入研究了核心展区公共景观应如何体现“四色江南”地域特色。在此，我们诚挚感谢中国五冶集团有限公司华东分公司黄文虎总工、扬州世园会项目经理部何容经理、周毅总工等在世园会项目深化设计中的指导与帮助。由于需要多方协调，加上一些无奈的因素，深化设计方案中有的内容得以实现，有的部分实现，有的未能实现，但能为国际性园艺盛会出一份力，何其有幸！

本书是浙江省浙派园林文旅研究中心的重要研究成果之一。浙派园林文旅研究中心是国内首家浙派园林领域省级研究机构，紧密依托浙江省文化和旅游发展研究院、浙江理工大学建筑工程学院、杭州国际城市学研究中心，汇集了文化、园林、旅游等领域的知名专家、学者，形成实力雄厚的研究团体和技术平台，肩负“发扬光大浙派园林事业，开拓引领浙韵生活风尚”的重任。中心获得原中共浙江省委常委、杭州市委书记，杭州城市学研究理事会理事长王国平同志批示，获得原浙江省文化厅厅长钱法成、原杭州市园林文物局局长施奠东、我国著名古城保护专家阮仪三、苏州著名园林文化专家曹林娣、浙江著名园林工程专家金石声、浙江省风景园林学会副理事长包志毅等十余位领导和专家的题词，给予中心鼓励和期望。2021 年，中心出版《浙派园林学》（上册：浙派园林设计理论与方法；下册：浙派园林营造技艺与案例），正式构建“浙派园林学”学术体系。

本书是在王月瑶硕士学位论文基础上补充完善而成的，整体构思与技术指导由陈波完成，杨翔、钱钰辉、陆云舟参与了本书部分案例设计工作，本书由王月瑶与陈波负责统稿。浙江理工大学风景园林专业硕士研究生康昱、刘佳惠、闫欢、厉泽萍、王许阳、陈慧琳等同学对本书的编写提供了帮助。浙江理工大学建筑工程学院风景园林系卢山教授、杭州中翔工程设计项目管理有限公司胡高鹏总经理等对本项目设计工作进行了指导。中国电力出版社曹巍编辑为本书的编辑与出版提供了大力支持。在此，对上述人员一并表示衷心的感谢！

本书既可作为大专院校园林、风景园林、景观设计、环境艺术设计等专业的教学用书，也可作为园林景观相关专业学生与教师的培训用书，还可作为关注江南园林、关注长三角园林建设的科研人员、设计人员、施工人员及其他爱好者的推荐读物。

江南地区地域范围广大，历史文化深厚，本书涉及内容浩瀚丰富，限于作者学识和时间的限制，书中难免会有不足甚至错漏之处，恳请各位专家、读者批评指正。

江南地区特色园林景观是历史的见证，是绝无仅有的物质和精神财富，是园林景观设计师源源不断的创作灵感来源，从江南文化中汲取营养，进行现代园林景观的创建和探索是一条充满光明的创作之路，我们将为此努力求索，锲而不舍！

最后，以白居易的《忆江南》诗作为结尾：

江南好，风景旧曾谙。

日出江花红胜火，春来江水绿如蓝。能不忆江南？

著者

2022 年 12 月

目　录

前言

第一章　与时俱进：新时代江南范围界定……1

第一节　新时代江南地区范围探讨……1

一、江南地区范围的历史演变……1

二、长江三角洲地区的发展历程……4

三、新时代江南地区的界定……9

第二节　江南文化的发展与特征……10

一、江南文化资源……10

二、中心城市更迭……18

三、江南意象嬗变……22

四、文化核心内涵……27

第二章　雅致清丽：江南园林的总体特色……29

第一节　江南古典园林的内涵……29

一、江南古典园林的含义……29

二、南北古典园林的差异……30

第二节　江南古典园林的特色……32

一、哲学思想……32

二、审美方式……32

三、营造方法……33

四、技术手段……34
第三节　江南古典园林案例——杭州西湖郭庄……35
一、历史沿革……35
二、总体布局……36
三、造园特色……37
第四节　新时代江南园林的内涵……48

第三章　四色江南：江南园林的分区特色……50

第一节　上海特色园林景观设计要素……50
一、自然景观要素……51
二、文化景观要素……53
第二节　江苏特色园林景观设计要素……60
一、自然景观要素……60
二、文化景观要素……62
第三节　浙江特色园林景观设计要素……69
一、自然景观要素……70
二、文化景观要素……72
第四节　安徽特色园林景观设计要素……79
一、自然景观要素……79
二、文化景观要素……81
第五节　"四色江南"特色园林景观……87

第四章　章法序列：江南园林的设计意匠……88

第一节　园林景观设计的造园意匠论……89
第二节　江南特色世园会景观设计意匠……90
一、凸显江南特色，演绎展会主题……90
二、整合地域资源，把控基地现状……91
三、结合前期分析，规划空间布局……91
四、运用生态手法，营造园林要素……94
五、融汇江南文化，表达审美情趣……96
六、体现江南风俗，策划园内活动……97

第五章　花开盛世：扬州世园会设计概览……99

第一节　世界园艺博览会概况……100

一、世园会的分类……100

二、世园会在中国……102

第二节　扬州世园会园区景观设计……104

一、扬州世园会概况……104

二、江南特色世园会景观设计原则……107

三、世园会西区主题与景观设计概览……109

四、世园会新建核心展区（东区）主题与景观设计概览……111

第六章　匠心独运：扬州世园会深化设计……135

第一节　主题演绎……135

第二节　场地分析……136

第三节　空间布局……137

第四节　要素营造与文化植入……139

一、“红色江南”——旗园深化设计……139

二、“黄色江南”——梦幻叠瀑深化设计……143

三、“蓝色江南”——中心湖西区深化设计……144

四、“绿色江南”——百草园深化设计……147

五、“扬州印象”——市花市树园深化设计……149

第五节　活动策划……151

参考文献……152

第一章

与时俱进：新时代江南范围界定

江南，一片人杰地灵、山清水秀的地区。江南自古以来就是“鱼米之乡”，经济发达促进地域文化水平不断提高，具有江南特色的园林景观设计很早就开始萌芽，尤其以江南的古典私家园林为胜，代表着中国风景式园林艺术的最高水平。

关于“江南”的研究一直备受关注，已成为一个理论热点。这主要表现在三个方面：一是学科形态上，多元学科集群性研究的形成；二是本体阐释上，区别于黄河文化、齐鲁文化等其他地域文化的“江南诗性文化理论”的生成；三是在当代城镇化背景下，以长三角城市群为主要空间对象的江南都市美学与审美文化研究方向的建立。但在生态文明的时代背景下，对于江南地区范围的界定、传统江南地区与当今长三角的关系，以及江南文化的特征、内涵等问题，尚待与时俱进地开展研究，本章拟在此方面深入探讨。

第一节　新时代江南地区范围探讨

一、江南地区范围的历史演变

“江南”一词虽然妇孺皆知，但明确地界定其地理范围却又较为困难。由于历史上不同的行政区划，江南在空间形态上屡有变化，且变化很大，并在学术研究方面形成了一些不尽相同的观点。

2010 年发现的浙江长兴七里亭留下的旧石器时代早期遗址，距今至少 100 万年，表明江南地区早在 100 多万年前就有古人类在此活动。距今六七千年前后，大江南北进入新石器时代兴盛阶段。据初步调查，江苏、浙江及相邻地区的新石器时代文化遗址约有上千处，其中有苏州草鞋山文化、南京北阴阳营文化、常州圩墩文化、杭州良渚文化等。先秦时期，江南属百越之地，后被纳入华夏版图，成为华夏汉地九州之一的扬州（图 1-1）。

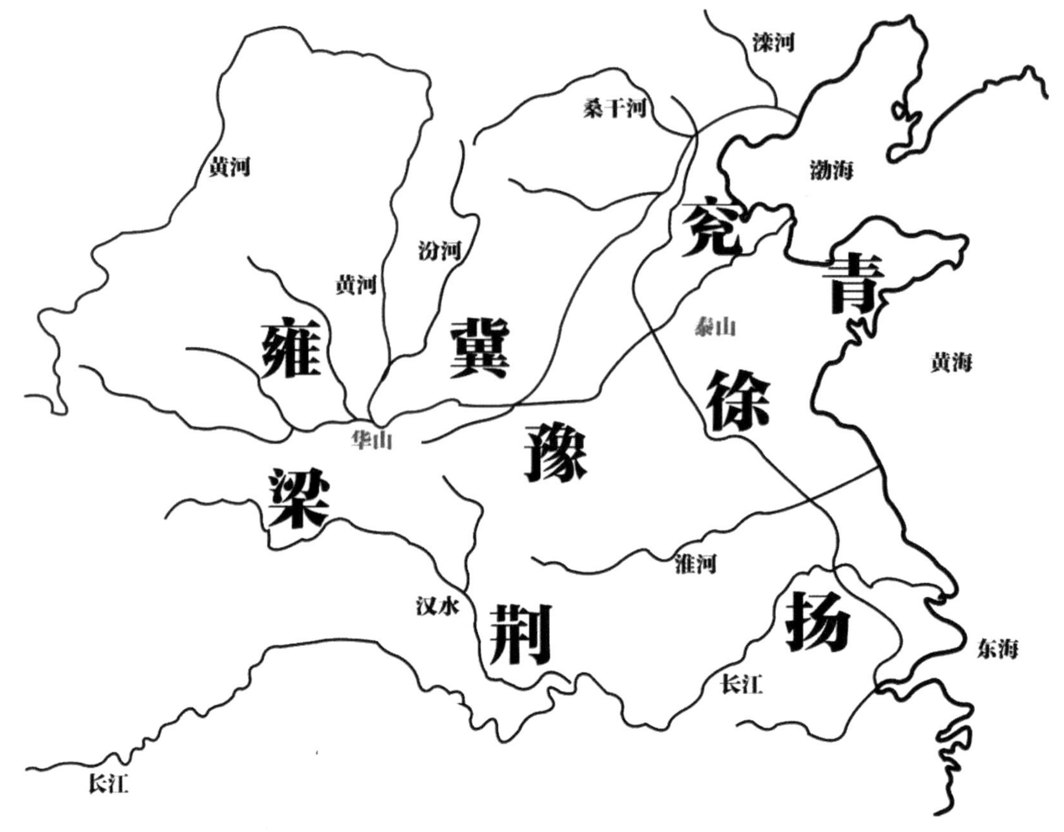

图 1-1 禹贡九州图（示意）

“江南”一词最早出现在先秦两汉时期。著名经济史学家李伯重先生认为：“在较早的古代文献中，‘江南’一词，如同‘中原’‘塞北’‘岭南’‘西域’等地理名词一样，仅用来表现特定的地理方位，并非有明确范围的地区区划。”因此，先秦及两汉时期的江南，也就是早期的江南，更多的是一个范围极广的、泛指的概念，具有一种方位的意义，可以理解为长江中下游以南的广大区域，包括太湖和钱塘江流域、鄱阳湖、洞庭湖周围等区域。

先秦时期已经存在江南的说法，据《吴越春秋》：“周元王使人赐勾践，已受命号去，还江南，以淮上地与楚，归吴所侵宋地，与鲁泗东方百里；当是之时，越兵横行于江淮之上，诸侯毕贺，号称霸王。”可知史书中出现的“江南”一词，在东周春秋时期，最早指的是东周时的吴国、越国等诸侯国区域。

秦朝时期，《史记・秦本纪》中记载：“秦昭襄王三十年，蜀守若伐楚，取巫郡，及江南为黔中郡。”此书中出现的江南，指的是现今湖南省和湖北省南部、江西部分地区。黔中郡在今湖南省西部。由此可见，当时“江南”的范围之大。据《史记・五帝本纪》，可知其南界一直达到南岭一线。

汉朝时期，江南已经十分宽广，包括了豫章郡、长沙郡、庐陵郡，相当于江西省和湖南省。当然，在两汉时期，洞庭湖南北、赣江流域地区应是江南的主体，其中的“江南”说的就是这一地区。王莽时曾改夷道县为江南县，是湖北宜都地区。《后汉书·刘表传》载："江南宗贼大盛……唯江夏贼张庄、陈坐拥兵据襄阳城，表使越与庞季往譬之，及降，江南悉平"。

西晋永嘉之乱后，中原士族相继渡淮河、长江南迁，衣冠南渡，以建康（今南京）为都，是为东晋。六朝时期，江南就是指江东政权所在地。

隋朝时期，江南被用作《禹贡》中"扬州"的同义词，同时"江南"还有江汉以南、江淮以北的意思。因此，《史记·货殖列传》中出现了关于"江南豫章、长沙"与"江南卑湿、丈夫早夭"的描述。

在唐代，唐太宗贞观元年（627年）分天下为十道，其中"江南道"的辖境为长江以南地区，范围包括湖北长江以南部分、湖南、江西，其内部经济、自然、文化差异十分明显。由于江南道范围十分广阔，在唐开元年间就将它拆分为"江南西道""江南东道"和"黔中道"，其中，"江南西道"辖境包含今江西、湖南大部及湖北、安徽南部地区（除徽州）；"江南东道"地辖今江苏省苏南、上海、浙江全境及安徽省徽州，后天宝初年从岭南道划入今福建省辖区。此时的江南已经是一个十分明确的行政地理概念，这在江南地区概念演进的历史上具有里程碑的意义。

宋朝初年改"道"为"路"，"江南路"包括江西全境与皖南部分地区，分"江南东路"与"江南西路"，其中江南东路范围大体相当于今江苏省、安徽省长江以南部分地区以及江西东北部地区，今天江西省大多数土地属于江南西路；而同期苏杭则属于"两浙路"。靖康之乱以后，北方人民纷纷南迁，短短十余年，"江、浙、湖、湘、闽、广，西北流寓之人遍满"。绍兴十一年（1141年），宋金和约达成，和约规定南宋不得接收金朝"逃亡之人"，南迁的浪潮始告消退。

元灭宋后，依历次军事征服用兵的范围设置了十大行省，宋代的江南东路、两浙路等行政区域全部划归"江浙行省"。江浙行省所辖的区域，是宋元时期及后世中国经济最发达的地区之一，时人称"苏湖熟，天下足"，这一地区也在当时及后世成为国家财赋输出的重地。

明朝洪武元年（1368）定应天府（今南京）为国都，洪武十三年（1380）废中书省，中书省直辖府州改为直属六部，仍俗称直隶。永乐十九年（1421）迁都北京，改应天府京师为南京，直隶改称"南直隶"。当时江南的大致范围为直属应天府南京的南直隶。

清朝入关后，于顺治二年（1645）将"南直隶"改设为"江南承宣布政使司"，即废除了南京为国都的地位，巡抚衙门设在江宁府（今南京市）。清康熙初年，改"承宣布政使司"为"行省"，江南承宣布政使司即改为江南省，同江西省一并由两江总督管辖，两江总督驻江宁府。"江南省"的名称正式出现。

江南省的范围大致相当于今江苏省、上海市、安徽省全境以及江西省婺源县、湖北省英山县、浙江省嵊泗县。无论是明朝的"南直隶"，还是清朝的"江南省"，都是当时全国最富裕的地区之一。清初时，江南一省的赋税占全国的三分之一，而每期科考，江南一省的上榜人数就占了全国的近一半，于是有"天下英才，半数尽出江南"的说法。

江南省是明清时期中国最发达的省份，经济繁荣，文化昌盛。由于江南省地域广大，政务繁重，顺治十八年（1661）将江南省一分为二，东称“江南右布政使司”，西称“江南左布政使司”。康熙六年（1667），改江南左布政使司为安徽布政使司，改江南右布政使司为江苏布政使司。江苏取江宁、苏州二府首字而来，而安徽取安庆、徽州二府首字而来。乾隆二十五年（1760）定江宁府为江苏省省会，安庆府为安徽省省会。至此，江苏、安徽两省行政区划大致定型。

综上所述，魏晋以后，由于战乱频仍，北方与中原的人口、文化等大量南移，使得江南地区在经济与文化上后来居上。但真正具有成熟形态的江南，却是在封建社会后期的明清两代。因此，可以把明清时期看作江南地区在古代世界的成熟形态，而关于江南地区的界定与认同也应以此作为基本前提与对象。就此而言，李伯重先生关于江南地区的“八府一州”说是非常值得重视和关注的。所谓“八府一州”，是指明清时期的苏州、松江（今上海）、常州、镇州、应天（今南京）、杭州、嘉兴、湖州八府以及从苏州府辖区划出的太仓州。

从成熟形态的视角出发，江南地区主要是明清时期的“八府一州”，由于这一说法过于偏重古代的太湖流域经济区，因此也会显得不够灵活，特别是忽略了周边一些商贸与文化联系密切的城市，如“江南十府说”中提到的宁波和绍兴，还有尽管不属于太湖经济区，但在自然环境、生产方式、生活方式与城市文化上却联系十分密切的扬州和徽州，以及由于大运河和长江共同编织的更大水网而后来被纳入长三角城市群的南通等。鉴于此，刘士林教授认为，可以借鉴区域经济学的“核心区”概念，将“八府一州”看作是江南地区的核心区，而其他同样有浓郁江南特色的城市则可视为其“外延”部分或“漂移”现象。

二、长江三角洲地区的发展历程

在某种意义上，要想在“江南地区范围界定”这一问题上取得基本共识，首先需要找到一种进行正确界定的理论方法，而不是通过常见的历史文献考证、方言调查、人口迁移或其他实证途径去解决，这是因为具体的实证研究从本性上就是“多”，同时由于不同研究各有道理，因而很难达到理论研究所需要的“一”。

作为传统农业大国的一个重要组成部分，江南地区主要以围绕古城、古镇的广大乡村形态而存在，江南文化中蕴含的农耕文化在中国历史变迁过程中发挥的重要作用是不言而喻的。与古代社会相比，当今中国的城市已高度发达。根据第七次全国人口普查数据，2020年我国常住人口城镇化率达到63.89%。在城市发展进程中，随着城市范围的扩大和城市数量的增多，城市用地的比例越来越高，城市间的农田分界带日渐模糊，城市地域相互蔓延，甚至连成一片，从而形成了“城市群”。所谓城市群，是城市发展到成熟阶段的最高空间组织形式，是指在特定地域范围内，一般以1个以上特大城市为核心，由3个以上大城市为构成单元，依托发达的交通通信等基础设施网络所形成的空间组织紧凑、经济联系紧密、并最终实现高度同城化和高度一体化的城市群体。与古代社会相比，城市群已成为当代城市发展的大趋势与人类文化最重要的空间载体。在江南文化的现代转换与当代形态构建的意义上，人们熟知的长三角城市群已成为传统江南文化的主要载体与最新形态。为此，本节主要探讨长三角地区的发展历程，以期为新时代江南地区范围的界定打下基础。

与古代江南在地理上不断发生变化一样，当代长三角地区在内涵上也处于持续的变动与构建过程中，这是我们研究江南特色园林景观设计时必须关注的一个具有现代性意义的重要论题。与地理学上的长江三角洲不同，当代语境中的长三角是改革开放以来的新概念。

长江三角洲地区有着悠久的文化历史，加之有着发达的水系、丰饶的土地，优于中国其他地区的农业、手工业，使其在封建社会中后期就已经初步形成了一个可观的城市群。从明代到清代，长江三角洲出现了九座较大的商业与手工业城市——纺织业及其交易中心南京、杭州、苏州、松江，粮食集散地扬州、无锡、常州，印刷及文具制作交易中心湖州，上海（元代始设县）此时已发展成为沿海南北贸易的重要商业中心。

1842~1949 年是长三角地区对外开放条件下商品经济初步大发展时期，新兴现代工商业城市群逐步形成并发展。

中华人民共和国成立后的计划经济体制年代（1949 ~ 1978），是长江三角洲地区城市功能趋同阶段，在种种特殊的环境条件下，中国各城市大办工业，变消费城市为生产城市，使得城市功能趋同，城市化进程极其缓慢。

1982 年 12 月 10 日，中华人民共和国第五届全国人民代表大会第五次会议明确提出“地区协作”以及“编制以上海为中心的长江三角洲经济区规划”。12 月 22 日，国务院正式发布《关于成立上海经济区和山西能源基地规划办公室的通知》，正式设立上海经济区规划办公室。按照《通知》规定，“上海经济区”以上海为中心，包括长江三角洲的苏州、无锡、常州、南通和杭州、嘉兴、湖州、宁波等 9 个城市。这是中国官方政策文件中首次提及“长三角”。三个月后，国务院“上海经济区规划办公室”挂牌成立，“上海经济区”新纳入了绍兴市，成为 10 个城市。

此后，“上海经济区”范围越来越大，有过 3 次大的扩容：第 1 次是 1984 年 10 月，由原来的 10 个市调整为上海市、江苏省、浙江省和安徽省等“三省一市”；第 2 次是 1984 年 12 月，由“三省一市”调整为上海、江苏、浙江、安徽、江西“四省一市”；第 3 次是 1986 年 8 月，原国家计委同意福建省加入，变为“五省一市”。

由于种种原因，1988 年 6 月，国家宣布停止经济区活动，撤销国务院“上海经济区规划办公室”，标志着官方正式的“长三角一体化”探索告一段落。

与此同时，由于西方“城市群”理论在中国的影响不断扩大，特别是 1993 年上海正式提出“推动长三角大都市圈发展”的构想，使长三角逐渐由一个经济区概念演变为城市群概念。其标志是 1992 年 6 月召开的“长江三角洲及长江沿江地区经济规划座谈会”，会上建立了长江三角洲协作办（委）主任联席会议。1996 年，长江三角洲协作办（委）主任联席会议由长江三角洲城市经济协调会取代。

新的长三角经济区范围由此确定，包括上海、杭州、宁波、湖州、嘉兴、绍兴、舟山、南京、镇江、扬州、常州、无锡、苏州、南通 14 个城市。1996 年，地级市泰州设置，长三角城市群的城市数量随之扩展为 15 个。2003 年 8 月，台州市进入长江三角洲城市经济协调会，以苏浙沪 16 城市为主体形态的长三角城市群概念得以形成。

2008 年 9 月，国务院印发《关于进一步推进长江三角洲地区改革开放和经济社会发展的指导意见》（国发〔2008〕30 号），其中提到“长江三角洲地区包括上海市、江苏省和浙江省”，还提出长三角地区要努力“实现科学发展、和谐发展、率先发展、一体化发展，把长江三角洲地区建设成为亚太地区重要的国际门户、全球重要的先进制造业基地、具有较强国际竞争力的世界级城市群”。

根据国务院这一意见，国家发改委于 2010 年 6 月发布了《关于印发长江三角洲地区区域规划的通知》（发改地区〔2010〕1243 号），规划范围包括上海市、江苏省和浙江省，区域面积 21.07 万 km^2；规划期为 2009 ~ 2015 年，展望到 2020 年。这是首次在国家战略层面上将长三角区域范围界定为苏浙沪两省一市的 25 个地级市，在原有的 16 个城市基础上，加进了江苏省的徐州、淮安、连云港、宿迁、盐城和浙江省的金华、温州、丽水、衢州。不过，该规划仍然把原来的 16 个城市列为长三角核心区（图 1-2）。

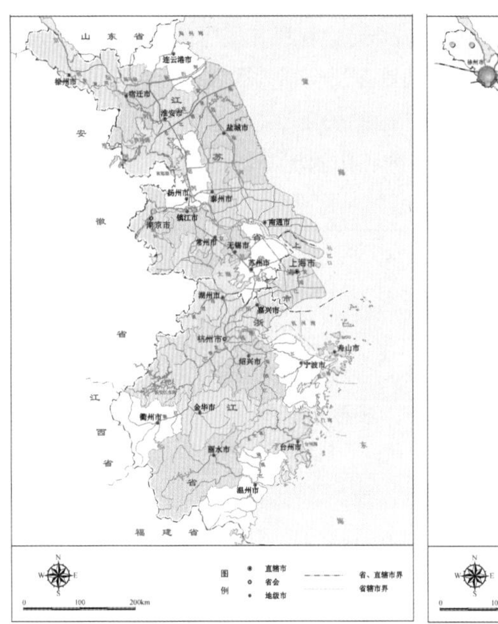

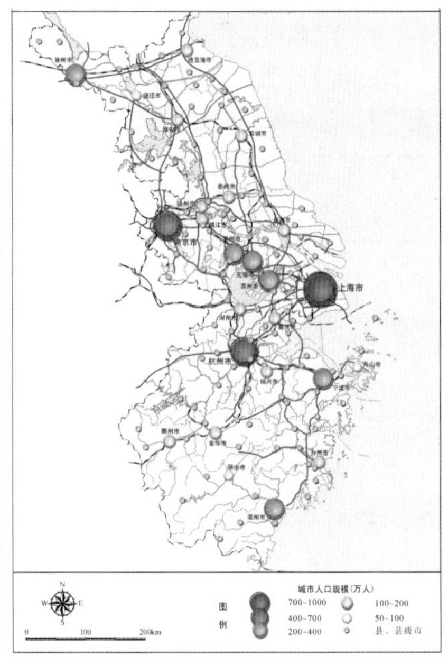

图 1-2 《长江三角洲地区区域规划（2009 ~ 2020）》中的规划范围和城镇体系

2008 年左右泛长三角的区域分工和合作被提出，以沪苏浙为代表的长三角概念逐渐发展为包括安徽在内的“泛长三角”，并且在 2008 ~ 2010 年期间掀起了一股讨论和研究的热潮。

这一讨论在政策层面也有所反映，例如《关于印发长江三角洲地区区域规划的通知》（发改地区〔2010〕1243 号）中就提到了由核心区来“统筹两省一市发展，辐射泛长三角地区”，上文提到的长江三角洲城市经济协调会也在 2008 年吸纳了合肥、马鞍山等 2 个安徽省城市参与。这都为之后长三角扩容安徽全省打下了铺垫。

2014 年 9 月，国务院发布《关于依托黄金水道推动长江经济带发展的指导意见》(国发〔2014〕39 号)，提出促进长江三角洲一体化发展，打造具有国际竞争力的世界级城市群；合肥被确定为与南京、杭州地位等同的长江三角洲城市群“副中心”。在这一趋势下，2016 年 6 月 1 日，国家发展改革委、住房城乡建设部联合印发了《关于印发长江三角洲城市群发展规划的通知》(发改规划〔2016〕1176 号)，正式在国家层面将安徽划入长三角范围。在原来“两省一市”的 25 个城市的基础上，去掉了江苏的徐州、淮安、连云港、宿迁和浙江的温州、丽水、衢州等 7 个城市，同时将安徽的合肥、芜湖、马鞍山、铜陵、安庆、滁州、池州、宣城等 8 个城市纳入长三角城市群之中，共同形成了“三省一市”26 个城市的版本。

《长江三角洲城市群发展规划》提出，长三角城市群在上海市、江苏省、浙江省、安徽省范围内，由以上海为核心、联系紧密的多个城市组成，主要分布于国家“两横三纵”城市化格局的优化开发和重点开发区域。规划范围包括：上海市，江苏省的南京、无锡、常州、苏州、南通、盐城、扬州、镇江、泰州，浙江省的杭州、宁波、嘉兴、湖州、绍兴、金华、舟山、台州，安徽省的合肥、芜湖、马鞍山、铜陵、安庆、滁州、池州、宣城等 26 市，国土面积 21.17 万 km^2，2014 年地区生产总值 12.67 万亿元，总人口 1.5 亿人，分别约占全国的 2.2%、18.5%、11.0%。规划期为 2016 ~ 2020 年，远期展望到 2030 年 (图 1-3)。

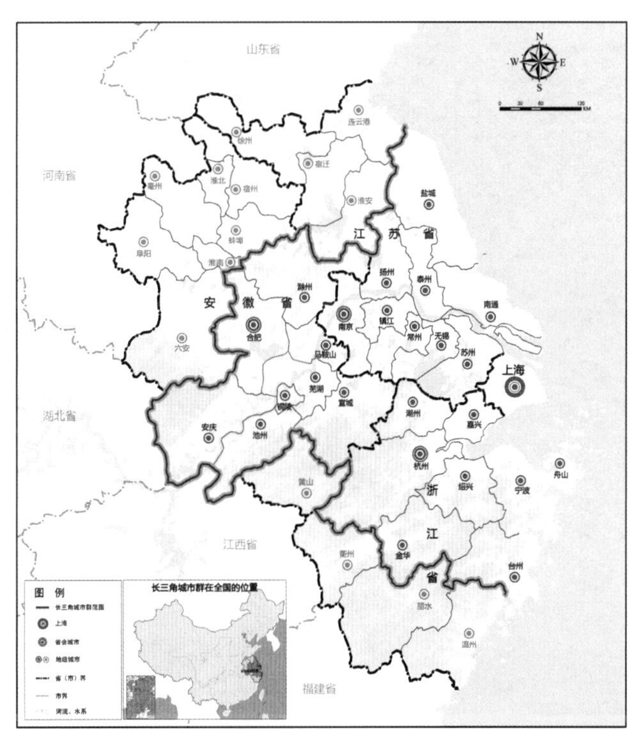

图 1-3 《长江三角洲城市群发展规划 (2016 ~ 2030)》中的长三角城市群范围图

2018年7月，《长三角地区一体化发展三年行动计划（2018～2020年）》正式发布。同年11月5日，习近平总书记在首届中国国际进口博览会上宣布，支持长江三角洲区域一体化发展并上升为国家战略。这标志着长三角一体化进入新的更高发展阶段。在此背景下，2019年12月1日，中共中央、国务院印发了《长江三角洲区域一体化发展规划纲要》。

《长江三角洲区域一体化发展规划纲要》的规划范围包括上海市、江苏省、浙江省、安徽省全域（面积35.8万km^2）。以上海市，江苏省南京、无锡、常州、苏州、南通、扬州、镇江、盐城、泰州，浙江省杭州、宁波、温州、湖州、嘉兴、绍兴、金华、舟山、台州，安徽省合肥、芜湖、马鞍山、铜陵、安庆、滁州、池州、宣城27个城市为中心区（面积22.5万km^2），辐射带动长三角地区高质量发展。以上海青浦、江苏吴江、浙江嘉善为长三角生态绿色一体化发展示范区（面积约2300km^2），示范引领长三角地区更高质量一体化发展。以上海临港等地区为中国（上海）自由贸易试验区新片区，打造与国际通行规则相衔接、更具国际市场影响力和竞争力的特殊经济功能区。规划期至2025年，展望到2035年（图1-4）。

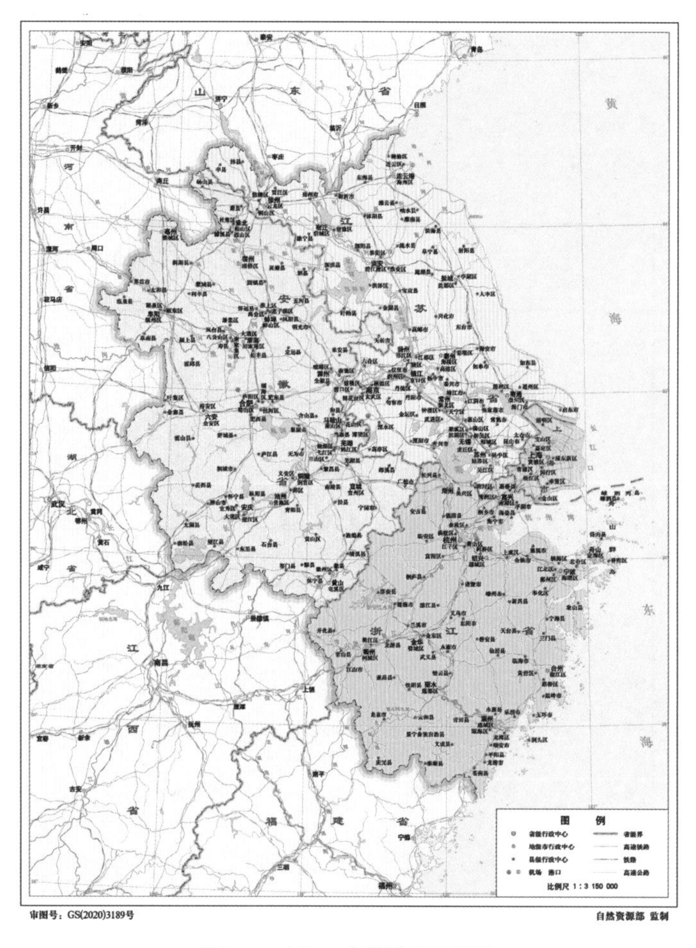

图1-4 长江三角洲地区区域图

毫无疑问，2019 年的《长江三角洲区域一体化发展规划纲要》是当前推进长三角一体化的总体纲领，同时也为经济和政策意义上的“长三角”概念做了最权威的确认，即“三省一市”全域的 41 座城市。

2020 年 8 月 20 日，习近平总书记在合肥主持召开扎实推进长三角一体化发展座谈会并发表重要讲话。习近平指出，实施长三角一体化发展战略要紧扣一体化和高质量两个关键词，以一体化的思路和举措打破行政壁垒、提高政策协同，让要素在更大范围畅通流动，有利于发挥各地区比较优势，实现更合理分工，凝聚更强大的合力，促进高质量发展。

长江三角洲地区是中国经济发展最活跃、开放程度最高、创新能力最强的区域之一，在国家现代化建设大局和全方位开放格局中具有举足轻重的战略地位。据统计，2021 年全年上海完成国内生产总值 43214.85 亿元，江苏完成 116364.2 亿元，浙江完成 73516 亿元，安徽完成 42959.2 亿元。2021 年全国国内生产总值为 1143670 亿元。可见，2021 年全年长三角 GDP 占全国 GDP 的比例约为 24.13%，其中上海约占 3.78%，江苏约占 10.17%，浙江约占 6.43%，安徽约占 3.76%。在长三角 41 市生产总值排名中，超过万亿的城市共有 8 座，分别为上海、苏州、杭州、南京、宁波、无锡、合肥和南通。

三、新时代江南地区的界定

江南，一直是一个不断变化、富有伸缩性的地域概念，在历史上它除了包括长江以南地区，还包括长江北岸的扬州、泰州等商业富庶地区。东南大学成玉宁教授在《中国园林史（20 世纪以前）》中说道：“总体而言，明代江南以太湖为核心，也就是苏州、松江、常州、杭州、嘉兴、湖州六府，相对模糊的外围地区大致包括应天（南京）、镇江、扬州、绍兴、宁波五府。”华东理工大学居阅时教授也在《江南建筑与园林文化》中提出：“考古证明，江南文化与境内史前文化一脉相承，绵延不绝。因而江南不是一个历史概念名词，更不应该以历史行政区划代替，江南是由一脉相承的历史文化构成的文化区域。”到了现代，随着经济的发展与城镇化进程的加快，在传统“八府一州”基础上发展成以长江三角洲城市群为载体的现代江南形态。在江南文化的现代转换与当代形态建构的意义上，人们熟知的长三角城市群已成为传统江南文化的主要载体与最新形态。

根据 2019 年 12 月中共中央、国务院发布的《长江三角洲区域一体化发展规划纲要》，结合刘士林教授区域经济学的“核心区”概念，本书提出的“新时代江南地区”是指以《长江三角洲区域一体化发展规划纲要（2019 ~ 2035）》中提出的 27 个城市为核心区的长江三角洲地区，包括上海市、江苏省、浙江省、安徽省全域 41 个城市，它们位于中国长江的下游地区，濒临黄海与东海，地处江海交汇之地，沿江沿海港口众多，是长江入海之前形成的冲积平原，这片区域自古以来受吴越文化影响，历史脉络清晰，具有浓郁的江南特色，在经济、文化尤其是园林景观上具有相似性。

第二节　江南文化的发展与特征

江南是中国历史文化及现实生活中一个重要的区域概念，它不仅是一个地理概念，还是一个历史概念，同时还是一个具有极其丰富内涵的文化概念。“越名教而任自然”的江南文化，则以其超功利的审美气质与诗性精神蕴蓄和催生了历代文人无穷的想象空间和巨大的创造潜能。对于江南文化传统和当代演进的研究能让我们以地域性和历史性更好地看待中国文化。

一、江南文化资源

1. 古典园林

江南古典园林自晋代兴起，至明、清得以大盛，现存的优秀园林大多数是明清时代建造的。江南古典园林因为大多是私家园林，故不可能造得很大，其重要特点就是小中见大，大是指大环境、大自然，把有限的房屋、室内的小空间变成室外无限的大空间。园林不大，但水面要做大，这是一种对比的手法，特别是苏州艺圃，水面很宽敞，整座建筑都架在水上，似乎水从屋下流淌而去，给人以空灵通透的感觉。拙政园则是河汉纵横、蜿蜒曲折，亭、阁都筑在水上，假山围绕着水，“路随河转，山因水转”，这些江南古典园林都是虚拟的自然，人工仿照的自然，但又不是简单的模仿，而是经过提炼的心目中的自然（图 1–5）。

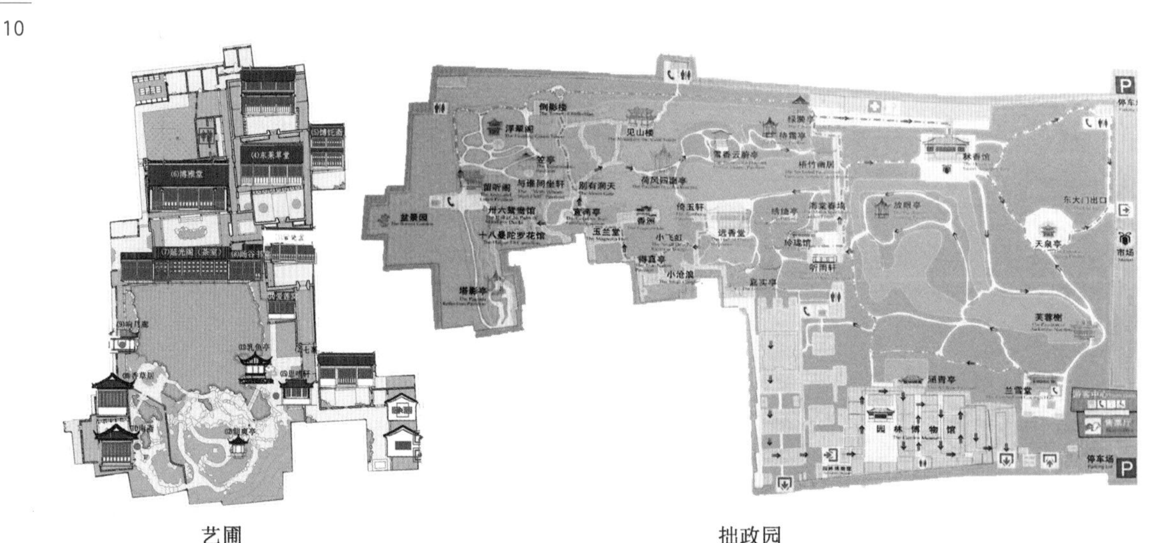

艺圃　　　拙政园

图 1–5　艺圃和拙政园平面图

将江南古典园林这一珍贵的文化艺术运用到现代地域景观设计中，无论是设计手法、设计元素和展现形式都早已有法可循，早就引起了园林与建筑专家的注意。前有童寯先生的《江南园林志》，后有刘敦桢先生做的苏州园林测绘研究，陈从周先生则是在 20 世纪 50 年代带领师生对苏州和扬州园林做了深入的调查研究。

他们通过认真、细致的测绘和考证，留下了大量可靠翔实的资料，这对江南古典园林的传承和创新起到了重要作用。从江南古典园林的格局、风貌和建筑式样上看，它们大多是一脉相承，但各朝代的园林又各有特点，留下了不同时代的烙印。

在现代的园林景观设计中，对古典园林的传承创新是应有之义。比如贝聿铭先生设计的苏州博物馆新馆，就是传承传统、融合地方，且具有创新的现代江南园林景观设计典范，它是一座集现代化馆舍建筑、古建筑与创新山水园林三位一体的综合性博物馆。同济大学阮仪三教授说苏州博物馆："这一小小的花园可以给我们一些有益的启迪。"

苏州博物馆馆址位于太平天国忠王府，是国内保存至今最完整的一组太平天国历史建筑物，1999 年苏州市委、市政府邀请享誉世界的华人建筑师贝聿铭设计苏州博物馆新馆，2006 年 10 月 6 日，苏州博物馆新馆建成并正式对外开放，新馆占地面积约 $10700m^2$，建筑面积 19000 余 m^2，加上修葺一新的太平天国忠王府，总建筑面积达 $26500m^2$，与毗邻的拙政园、狮子林等园林名胜构成了一条丰富多彩的文化长廊。

苏州博物馆新馆大门是入口，忠王府大门是出口，进馆后的新馆建筑高低错落，深灰色屋面与白墙相配，清新雅致，屋顶上金字塔形的玻璃天窗让博物馆内充满自然光线，这里既不同于苏州传统园林，又不脱离中国人文气韵，馆中还有庭院、水池、石桥，既传统又现代，漫步在新馆庭院中，蓝天、白墙、绿竹、清水，融为一体（图 1-6）。虽然贝聿铭先生在此也设计了亭子、水池、假山、小桥，保留了地域特色，但从结构到形式全是新意，贝先生自己也说这个馆是"中而新，苏而新"。因此，江南古典园林景观作为地域特色景观设计要素，不仅可以传承它的传统设计章法，还可以体现时代的特色，这样既可以使得现代园林景观设计有江南地域之美，还能使得我们珍爱的江南古典园林得以继承和发展。

图 1-6 苏州博物馆新馆

2. 乡土建筑

江南乡土建筑景观以江南民居为代表。传统江南民居建筑布局形式前街后河，坐北朝南，注重室内采光；以木梁承重，以砖、石、土砌护墙；以堂屋为中心，以雕梁画栋和装饰屋顶、檐口见长，平面布局方式和北方的四合院大致相同，住宅的大门多开在中轴线上，迎面正房为大厅，后面院内常建二层楼房。由四合房围成的小院子通称天井，兼作采光和排水用。因为屋顶内侧坡的雨水从四面流入天井，所以这种住宅布局俗称“四水归堂”（图 1-7）。四水归堂式住宅的个体建筑以传统的“间”为基本单元，房屋开间多为奇数，一般三间或五间，单体建筑之间以廊相连，和院墙一起，围成封闭式院落，不过为了利于通风，多在院墙上开漏窗，房屋也前后开窗。这类住宅适应地形地势，充分利用空间，布置灵活，造型古朴美观，材料使用合理，表现出清新活泼的面貌。

图 1-7　江南四水归堂式住宅布局

在建筑设计上，首先外观上以粉墙黛瓦为主，美观且防水，江南民居的结构多为穿斗式木构架，不用梁，而以柱直接承檩，外围砌较薄的空斗墙或编竹抹灰墙，墙面多粉刷白色，梁架仅加少量精致的雕刻，涂栗、褐、灰色等，不施彩绘，房屋外部的木构部分用褐、黑、墨绿等颜色，与白墙、灰瓦相映，色调雅素明净，与周围自然环境结合起来，形成景色如画的水乡风貌。江南民居建筑面积大，不利于防火，高高的马头墙能在相邻民居发生火灾时隔断火源，因形似马头而得名；临水的民居建筑在底层延伸出一排屋顶，下面设置栏杆，两者共同构成檐廊，这里不仅可以开设店铺，也是人们聊天的场所，向河面延伸空间过大时，就在底部设立支柱，形成吊脚楼的形式，屋顶上也铺瓦，形成了水乡民居双层重檐的结构；江南民居多二层楼，二楼底楼是砖结构，上层是木结构，其实是防潮，也是在沿河有限空间扩张居住面积的一个手段；一般还设置公共码头，方便不临河的人家到公共码头洗漱出行，有利于发生火灾时就近取水（图 1-8）。

图 1-8　江南民居的粉墙黛瓦、马头墙、檐廊与吊脚楼

由于乡土建筑特色鲜明，形成了具有地域景观特色的“江南六大古镇”：碧玉周庄、富土同里、风情角直、梦里西塘、水阁乌镇、富甲南浔，古镇依河成街，桥街相连，深宅大院，重脊高檐，河埠廊坊，过街骑楼，穿竹石栏，临河水阁，一派古朴幽静。“江南六大古镇”，是中国江南水乡风貌最具代表的城镇，它们以其深邃的历史文化底蕴、清丽婉约的水乡古镇风貌、古朴的吴侬软语民俗风情，在世界上独树一帜，驰名中外。“小桥、流水、人家”的规划格局和“粉墙、黛瓦、马头墙”的建筑艺术在世界上独树一帜，形成了人与自然的和谐相处。

“江南六大古镇”里，周庄有着“中国第一水乡”的美誉，水是周庄的灵魂，“水乡小巷多，人家尽枕河”；同里有“东方小威尼斯”之称，以古镇名园和水乡田园为特色；角直被誉为“神州水乡第一镇”，河网交错碧水环绕，桥桥相望相依，又有“五湖之汀”和“江南桥都”的美名；西塘面积最大，明清的廊棚、古弄建筑最具特色；乌镇是博物馆式的古镇，以居民风情为特色，素有“中国最后的枕水人家”之誉；南浔文化底蕴深厚，素有“文化之邦”和“诗书之乡”之称，有许多中西合璧的建筑（图 1-9）。

图 1-9　江南六大古镇（一）

图 1-9　江南六大古镇（二）

3. 农业景观

由于城市人群生活压力大，对田园生活的向往日益增加，乡村开发了休闲农业旅游，形成现代农业景观，也就是通过具有乡土地域特色的生产性景观吸引人们来观光、休闲、度假。

农田景观是江南农业地区的最基本景观，江南地区的种植方式、耕作制度和作物搭配都具有这一地域的文化、传统、风俗的烙印，具有很高的观赏价值。这里的农田景观是不同颜色的作物按不同的地貌单元配置，它主要由农作物、防护林带、道路、水渠等元素构成，块状的作物、条带状的田埂、水渠。这些相互平行垂直的不同色彩单元形成了景观的大背景，在此背景上点缀树木、防护林带、耕作的动物和人。春天是金黄色的油菜花、秋天是丰收的麦田，它们形成了生动和谐的乡土大地艺术景观（图 1-10）。

图 1-10　江南的农田景观（一）

图 1-10　江南的农田景观（二）

以乡土的果园林地为基础的农业观光园也是江南农业景观的一种，如宜兴的农业园，利用其丘陵山区的地形地貌，一大片毛竹、茶园、青梅，以其乡土资源吸引了很多外地的游客；还有浙江德清的大片旱园竹林、生态湿地，展现了江南地区的乡土本色。还有将农业遗址进行基础设施修缮、绿化充实调整及农作物配置和文化陈设展示而形成的农业景观，如杭州八卦田曾是南宋皇家籍田的遗址，籍田是古代中国以农为本的农耕文化的缩影，是古代皇帝通过神圣仪式活动对农业生产予以重视的场所。2007 年，杭州市委、市政府启动玉皇山南综合整治工程，工程整治立足于保护遗址，整治环境，以挖掘文化旅游休闲资源为原则，在维持原有的中间土埠阴阳鱼和外围八边形平面格局的基础上对八卦田进行了保护性修缮，以此来恢复其作为南宋时期皇帝躬耕以示劝农“藉田”的自然风貌，打造成一个展现农耕文化的农业科普园地和历史文化遗址公园（图 1-11）。

图 1-11　江南的农业观光园

4. 民俗文化

由于自然环境、生产方式与历史传统的不同，江南文化与中原、北方文化圈存在着很大的差异，这一点也是经常被学者们提到的，其中最著名的是梁启超的阐释："其气候和，其土地饶，其谋生易，其民族不必惟一身一家之饱暖是忧，故常达观于世界以外。初而轻世，继而玩世，继而厌世。不屑屑于实际，故不重礼法；不拘拘于经验，故不崇先王。又其发达较迟，中原之人，常鄙夷之，谓为蛮野，故其对于北方学派，有吐弃之意，有破坏之心。探玄理，出世界；齐物我，平阶级，轻私爱，厌繁文；明自然，顺本性：此南学之精神也。"

江南的民俗风情是构成江南特色的重要组成部分，在园林景观设计中注重体验感以及互动性，那就不得不加入江南民俗生活的场景和活动。来到江南，要想入乡随俗，就应先从聆听叫卖声开始。踏上江南的土地，常常会因狭窄的弄堂中传来的一声"啊要白兰花"的悠长叫卖声，让人感受到江南的温柔和水乡的风情。

江南多水，水乡行船似乎更能体现一种生活之艺术，每到一个村庄，船里就有人敲起小锣来，大家便知道是船店来了，就会赶到河岸边，各自买需要的东西。船店上的货物除柴米之外，还有洋油与洋灯罩，也有芒麻鞋面布和洋头绳，以及丝线，很多日用商品都可以买得到。至于水上酒店，就是在湖上多有一些可供食客吃喝观景两不误的大型龙舟，开饭的时候船会起航绕湖行进，游客坐在画舫雕窗里，实在是一种极美的享受（图 1-12）。江南水乡也离不开桥，江南的每一座桥都是有韵有味，因为桥就是江南人的性格，桥也构建了江南的民风与民俗（图 1-13）。在弯弯的拱桥上，看见江南女子采桑、养蚕、织布、浣衣。到了赶集，江南女子三五成群，花花绿绿，叽叽喳喳，人在桥上，影在水里，青春荡漾。每逢中秋，"桥桥对峙，互相凝望，脉脉含情，萦水环绕，波光桥影，绿树掩映"。

图 1-12　江南水乡的船

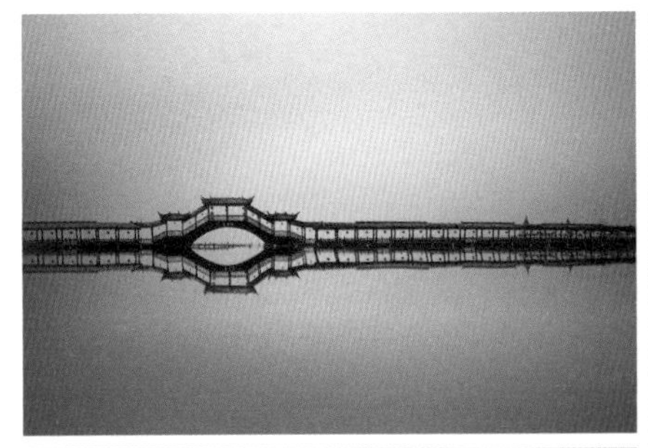

图 1-13　江南水乡的桥

江南的古镇是“江南水乡民俗文化”的基地，例如西塘古镇，是古代吴越文化的发祥地之一，素以桥多、巷弄多、廊棚多而闻名，民风淳厚，橹声悠扬，到处洋溢着江南文化特有的人文气息。这里的居民惜土如金，在建造不管是民居等住宅建筑，还是商铺等商业建筑时，严格计算建筑之间的间距，缩小到最小的范围内，由此形成了多处“一线天”，深而窄的巷弄，长的地方多达一百多米，巷弄里有各色的商铺，巷弄的名字如米行埭、灯烛街、油车弄、柴炭弄、石皮弄等数十个称号也与这些商铺有着联系。至于廊棚，是因为水乡农家的出行以河为道，以舟代步，许多交易只能在船上岸边进行，为此，一种连接河道与店铺又可遮阳避雨的特殊建筑——廊棚便应运而生，并代代传承，相沿成习。

江南的食物也别具一格，如清明时节有人家喜欢用黄花麦果作供，这是一种将细如小拇指的五六根面条拧成的食品，名曰“茧果”。扫墓时，江南人常吃的还有一种野菜，俗称草紫，学名紫云英。这是一种野生的植物，取嫩茎可食，味颇鲜美，味似豌豆苗。江南民间还有许多小吃，例如糖粥、乌米饭、海棠糕、葱油饼等，江南人还喜欢吃面食，制作麻花，大多店铺只有一个摊位，两只高凳架上木板，于其上和面搓条，傍一炉可烙烧饼，一油锅可炸麻花，江南的麻花摊在早晨还兼卖粥，米粒少而汁厚，或谓其加小粉，亦未知真假。

江南的民间还有一些手工制作的小玩意儿，如江南乡下卖的烂泥菩萨、状元泥塑；以及一团和气、不倒翁、爆竹等，均是上好的手工艺品。食物和手工艺品也是地域特色的产物，在园林景观设计中不仅可以增加游览者的体验感，还能带动当地的产业发展，尤其是在一些乡村园林景观设计中，在考虑观赏性的同时，也需要将当地居民的生活需求纳入设计范围。

二、中心城市更迭

与中国其他地域不同的是，江南的崛起并非一时、一地之功，而是在一千余年间五大中心城市轮番发力，将江南逐步推向经济、文化上的巅峰，它们分别是南京、扬州、杭州、苏州、上海。

公元317年，琅琊王司马睿在南京即位，史称东晋，此后南朝的历代朝廷均接连在此定都，形成六朝古都。在南朝统治阶层大力推行之下，以南京为核心的江南地区寺院林立，并凭借长江、秦淮河等水系之利，以及南移的汉人带来的中原文化和技术，大量土地被开辟为农田，增加了粮食产量，也促进了人口增长，南京成了江南人口与财富的聚集之地，正所谓“金陵百万户，六代帝王都”（图1-14）。

图1-14　六朝古都——南京

到了隋炀帝时期，长度超过 2000km 的大运河，将海河、黄河、淮河、长江、钱塘江五大水系连为一体，由此，江南的钱粮、物产也通过运河水系汇集到长江北岸的扬州，再通过扬州转运全国。于是，扬州便逐渐成为全国的经济、文化中心（图 1-15）。

图 1-15　中国运河第一城——扬州

随着全国经济南移，到了宋代，在长江南岸以南出现了另一条大江，那便是钱塘江。它发源于安徽境内，由于杭州段河道蜿蜒曲折，所以又称作“浙江”“之江”。钱塘江联系了城市，也沟通着运河，从此，杭州变成了城镇交往、货物集散的中心。尤其到了南宋，诗人范成大的一句“上有天堂、下有苏杭”，更是让杭州成为中国文士心目中的人间天堂（图 1-16）。

图 1-16 东方休闲之都——杭州

明清时期，江南进一步发展，太湖流域腹地的苏州凭借着丰富的物产、稠密的人口、便捷的交通，工商业崛起，一时之间商贾云集、人烟辐辏、繁花似锦。物质精致化的同时是文化的精致，尤其是江南女性文化在此时达到鼎盛，出现了柳如是、徐灿、贺双卿、陈端生、沈善宝等数十名女性诗人、词人，并在全国形成一种江南“多才女”的形象，江南也成为中国人心目中的“堆金积玉地，温柔富贵乡”（图 1-17）。

图 1-17　世界遗产典范城市——苏州

清代，位于长江、钱塘江汇聚入海处的上海，在《南京条约》签订后成为五个通商口岸之一，西方人都来淘金，由此迈入国际大都市的行列。现在整个长三角城市群中，上海也是当之无愧的龙头，是中国的金融中心和首屈一指的消费天堂（图 1-18）。

从中心城市的历史更迭中可见，江南不仅是历史悠久、文化底蕴深厚的古朴地带，也是经济发达、生命力依然旺盛的现代化发展地区。

图 1-18　魔都——上海

三、江南意象嬗变

所谓“江南意象”，主要指在历史进程中，江南文人累积的灿烂文化并以诗的形式进行印象式描绘，或者说，是对江南一带一度繁华的山水地貌、文采风流予以阶段性的诗学重构。“江南意象”作为充满诗意的“水乡意象”，一定程度上超越了其地理与政区空间。梅新林和陈玉兰认为：“江南空间意象之与地理、政区空间所不同者，似乎在于更具感性化、个性化、诗意化色彩，因而令人时有随心所欲、变动不居之感。”但是，梅、陈二人同时也认为，历代集中题咏“江南”，似乎都有一个或几个中心城市，比如从南齐谢朓至清代严绳孙，笔下的“江南”均集中于金陵；而白居易《忆江南》诸词，因其先后任杭州与苏州刺史，“显然以苏杭为江南之代表”；扬州等也曾作为“江南”的城市代表，但因为战争等原因曾一度沉寂。

所谓“江南意象”的阶段性，是指以时段划分，“江南意象”可以分为“六朝意象”“唐代江南意象”“宋代江南意象”“明清江南意象”四部分。

1. 六朝意象

东晋六朝是“江南意象”形成的关键时期。东晋帝业由“五马渡江”（即司马氏五皇子迁徙江南）而开创，南渡士族对于“水乡”充满新奇感，因此在他们的笔下，江南总是那么水汽淋漓、娇妍明媚、春意盎然。比如南朝乐府民歌《江南》描绘的旖旎水乡，充满“江南”的闲适柔情，或经过士族文人加工。诗云：“江南可采莲，莲叶何田田。鱼戏莲叶间。鱼戏莲叶东，鱼戏莲叶西，鱼戏莲叶南，鱼戏莲叶北。”

南朝人骈俪的文风，以及文士以奢靡相矜赏的习气，赋予“江南”以媚艳的一面。如无名氏《西洲曲》：“采莲南塘秋，莲花过人头。低头弄莲子，莲子清如水。”

梁武帝《采莲曲》：“游戏五湖采莲归。发花田叶芳袭衣。为君艳歌世所希。世所希，有如玉。江南弄，采莲曲。”

由于六朝文人的“江南”想象一开始就充满了旖旎的水乡风情，而六朝士族文人主要生活在“环水而居”的江南城市，因而最后集中到对繁华的都城“金陵”的题咏。金陵有“六朝金粉地、千古帝王都”之美誉，谢朓有不少名句即环绕金陵这座“京邑”而作。除了直接吟咏南京城为“江南佳丽地，金陵帝王州”之外，一些脍炙人口的诗句，大多是其往返于南京的江中所作，如“大江流日夜，客心悲未央”“天际识归舟，云中辨江树”“余霞散成绮，澄江静如练”等。沈约、何逊、阴铿等文人，也皆有诗赞美这座新兴的“京邑”人烟之阜盛、风景之富丽。“金陵”成为第一个被普遍题咏的城市中心，成为“江南意象”的“地标”之一。

2. 唐代江南意象

初唐诗人的“江南”意象，呈现出出水芙蓉般的清丽气质。尤其是张若虚一首《春江花月夜》，孤篇横绝，清朗明丽，被闻一多称为“宫体诗的自赎”，由此奠定了唐代“江南水乡”的基调。唐代诗人笔下的江南，大多充盈着一种感伤或者温馨的回忆，由旅居者或天涯游子在江畔舟中所生发。列举以下诗作证明之：

王湾《江南意》一题《次北固山下》：“客路青山外，行舟绿水前。潮平两岸阔，风正一帆悬。海日生残夜，江春入旧年。乡书何处达，归雁洛阳边。”

白居易《忆江南》选二：“江南好，风景旧曾谙。日出江花红胜火，春来江水绿如蓝。能不忆江南？江南忆，最忆是杭州。山寺月中寻桂子，郡亭枕上看潮头。

何日再重游？”

唐代文人的江南意象，还集中体现在中晚唐文人对六朝风流的追悼以及兴亡感慨方面，比如杜牧《江南春》绝句之一云：“千里莺啼绿映红，水村山郭酒旗风。南朝四百八十寺，多少楼台烟雨中。”这些“江南”的题咏活动，主要围绕六朝的繁华与沉沦展开；因此也就出现了以“金陵怀古”为题材的开拓。这一题材，较早由李白发扬光大，除了众所周知的名作《登金陵凤凰台》外，尚有《金陵》三首等作，其二云：“地拥金陵势，城回江水流。当时百万户，夹道起朱楼。亡国生春草，离宫没古丘。空余后湖月，波上对江州。”

这种以金陵为中心的江南意象，至中唐达到顶点。司空曙、韦应物、刘禹锡等皆有金陵怀古之作，如韦应物名作《金陵怀古》：“谁谓伤心画不成，画人心逐世人情。君看六幅南朝事，老木寒云满故城。”

而其中最著名者，当属刘禹锡《金陵五题》。其序云：“余少为江南客，而未游秣陵，尝有遗恨。后为历阳守，跂而望之。适有客以《金陵五题》相示，逌尔生思，欻然有得。他日友人白乐天掉头苦吟，叹赏良久，且曰《石头》诗云‘潮打空城寂寞回’，吾知后之诗人，不复措词矣。余四咏虽不及此，亦不孤乐天之言耳。”这首千古名作《石头城》全诗如下：“山围故国周遭在，潮打空城寂寞回。淮水东边旧时月，夜深还过女墙来。”

唐诗在六朝民歌基础上，深化了“金陵题咏”的历史文化内涵。唐人除了以“金陵”为江南意象的中心以外，随着扬州、杭州等城市的兴起，又添加了新的中心城市，金陵、扬州、杭州，成为唐诗“江南意象”最为集中的江南城市。唐人笔下的江南，是一场“烟花三月下扬州”之类的美丽邂逅，是一番杭州城外“乱花渐欲迷人眼”之类的花团锦簇，是一种金陵城郊“风吹柳花满店香”之类的缠绵与迷恋。大唐江南的繁华，造就了诗人温柔缠绵的江南水乡意象；而诗人集中于金陵、扬州、杭州等城市题咏游宴，又形成了一道绚丽的人文风景。

3. 宋代江南意象

宋诗在唐诗基础上进一步开拓，其诗歌艺术所拓展的领域，乃是由一种“外放”的世界向“内敛”的世界的转变。其“江南”意象亦如此，在宋人笔下，“江南”不仅仅是一派生机盎然的山水自然景观，而且是一种文人想象中的“家园”归属之地，类同于西方人所说的“诗意的栖居”。此类诗句的大量涌现，表明“江南”水乡意象经唐入宋之后已然定型为“家园”意象，趋于成熟。兹举三首典型宋诗说明如下：

王安石《泊船瓜洲》诗云：“京口瓜洲一水间，钟山只隔数重山。春风又绿江南岸，明月何时照我还？”

苏轼《书李世南所画秋景二首》诗云：“野水参差落涨痕，疏林欹倒出霜根。扁舟一棹归何处？家在江南黄叶村。”“人间斤斧日创夷，谁见龙蛇百尺姿。不是溪山成独往，何人解作挂猿枝。”

在宋词的艺术世界里，文人的“江南意象”也似乎朝同样的“家园”意象发展。与宋诗一样，词人在作品中增加了文人的“家园”认同感。如以下二首词：

柳永《望海潮》词云：“东南形胜，三吴都会，钱塘自古繁华。烟柳画桥，风帘翠幕，参差十万人家。云树绕堤沙，怒涛卷霜雪，天堑无涯。市列珠玑，户盈罗绮，竞豪奢。重湖叠巘清嘉，有三秋桂子，十里荷花。羌管弄晴，菱歌泛夜，嬉嬉钓叟莲娃。千骑拥高牙，乘醉听箫鼓，吟赏烟霞。异日图将好景，归去凤池夸。”

王安石《桂枝香·金陵怀古》词云：“登临送目，正故国晚秋，天气初肃。千里澄江似练，翠峰如簇。归帆去棹残阳里，背西风，酒旗斜矗。彩舟云淡，星河鹭起，画图难足。念往昔，繁华竞逐，叹门外楼头，悲恨相续。千古凭高对此，谩嗟荣辱。六朝旧事随流水，但寒烟衰草凝绿。至今商女，时时犹唱，后庭遗曲。”

即便不是江南人，江南意象所带来的“家园”主题也会引发作者的矛盾心态与焦虑情绪。如辛弃疾《水龙吟·登建康赏心亭》一词：“楚天千里清秋，水随天去秋无际。遥岑远目，献愁供恨，玉簪螺髻。落日楼头，断鸿声里，江南游子。把吴钩看了，栏杆拍遍，无人会，登临意。休说鲈鱼堪脍，尽西风，季鹰归未？求田问舍，怕应羞见，刘郎才气。可惜流年，忧愁风雨，树犹如此！倩何人唤取，红巾翠袖，揾英雄泪！”

从想象空间来看，北宋文人在仕途奔波之中或许并未亲身经历“江南”，而是借想象中的“家园”来自我安慰。比如王安石止步于瓜州，而苏轼、柳永等身在河南开封。而南宋文人则是从外地迁徙至“江南”，却不甘心原在北方的“家园”没落，借“江南意象”抒发愁怨，如辛弃疾在南京、李清照在杭州所写的“江南词”即是如此。因此，“江南意象”大大超越了实际的地理区域。

但是，从中心城市来看，两宋诗词仍然主要围绕金陵、杭州两大中心展开。“金陵”尽管仍然是宋人笔下的“江南”中心城市之一，只是其地位略有下降。宋代诸多诗词作品皆类似于“征帆去棹残阳里”的失意与眷念，或者是“斜阳外，寒鸦数点，流水绕孤村”之类的惆怅与清醒。诗人在仕宦途中、宴席之上，与山光水色同沉沦，与歌儿舞女共狎昵，同时又保持着官员的清醒与矜持，其“江南”意象一如笔底的水墨画，画中总有自己身处于山水空阔的凉亭之内、芳渚之上或茅舍别墅之中，举杯谈笑，指点河山。

4. 明清江南意象

明清文人笔下的江南意象，反映了他们迥异于唐宋的文人心态。他们似乎承继了元代文人“枯藤老树昏鸦、小桥流水人家”的哀思，或者“为报先生归也，杏花春雨江南”的迷思，似乎是对于一种“家园文明”失落的追悼。大概是因为明清江南文人屡屡在北方强权政治的压迫之下，不得伸展的缘故，题材以咏秋为主，风格清雅萧瑟，一如一幅幅清淡的秋景工笔画。兹举名作数首如下。

高启《秋望》：“霜后芙蓉落远洲，雁行初过客登楼。荒烟平楚苍茫处，极目江南总是秋。”

祝允明《秋晚由震泽松陵入嘉禾道中作》:“晚发西南郭，秋深雨气偏。人家低似岸，湖水大于天。日崦长如阁，风樯不用牵。辞燕还入越，才费半流年。”

王世贞《忆江南》:“歌起处，斜日半江红。柔绿篙添梅子雨，淡黄衫耐藕丝风。家在五湖东。”

屠隆《江南谣》:“日落晚天碧，潮来江水浑。渔灯枫叶下，不觉到柴门。”

钱谦益《辛卯春尽，歌者王郎北游告别，戏题十四绝句，以当折柳。赠别之外，杂有寄托，谐谈无端，憾迷闻出，览者可以一笑也》(选一):“江南才子杜秋诗，垂老心情故国思。金缕歌残休怅恨，铜人泪下已多时。”

明清文人笔下的“江南”中心城市除了金陵、杭州等之外，最为显著的变化是“苏州”的崛起。以上诗作，大多数是以苏州为中心城市想象而成的。这说明“吴中”文士随着政治地位的下降、经济文化地位的上升，借“江南”意象抒发群体失落心态的情形相当普遍。他们的诗作，写春的较少，写秋的居多，点染了一抹金色的秋景。这可能与“吴中”文士在明清的历史际遇相关。“吴中”不仅是财赋重地，也是思想文化最活跃的地区，同时也是中央集权钳制最严的区域。从明初“吴中四子”“北郭十子”的罹难，到明中叶“江南四才子”的没落、明末江南士子的党争之祸……“吴中”文人一直受到中央政权的压制。因此文人将“江南”作为一种与集权抗争的文化符号，其作品充满了对史上繁华的追忆，以及对残酷现实的感叹。

由上述可见，所谓“文学江南”的历史，也就是“江南意象”在文学史上的生成发展史。在文学史的发展进程中，尽管“江南意象”所涉及的地理区域处于变动不居的状态，但并非毫无规律可循。总结起来，可大致归纳为如下三点。

首先，江南意象具有“水乡”情致，形成了“优美”的诗学总特征。江南人环水而居，正如晚唐杜荀鹤以诗赠人云:“君到姑苏见，人家尽枕河。”(《送人游吴》)除了上文列举的三十余首诗词之外，类似描写江南水乡风情的历代名句不胜枚举。至今文章题咏江南名胜，亦多以“小桥流水人家”相称许。老子云:“上善若水，水善利万物而不争。”江南文人亦有广博的胸襟，他们与世无争，一方面以惊世的才情创造出灿烂的文艺作品，另一方面又惯常于官隐相宜的中隐生存哲学和方式。因此，晚明江南诗学总体上属于“优美”中的“清丽博雅”之美，与北方前后七子提倡的“雄浑壮阔”之美学特征迥然有别。

其次，从江南意象的发展变迁过程中，反映出各“中心城市”地位的升降。查清华指出:“江南地区的城市结构，唐代以扬州为中心，宋代以杭州为中心，中晚明则以苏州为核心、杭州和南京为辅翼、周边各中小城市为圈属。”这个论断与前文中心城市之更迭历史考察结论完全相符合。“金陵”在魏晋六朝以及唐代均为“江南意象”的中心城市。唐代及北宋扬州、杭州等地的兴起，与“金陵”一样成为“江南意象”的中心城市。到了南宋，“扬州战役”几乎使这座城市成为废墟，到了明代亦不复往日辉煌，直到清代中后期才因盐运等行业繁兴，有所谓“扬州派”兴起。明清之际，“苏州”实际上取代了“扬州”的文化中心城市地位。

再次，历代“江南意象”的内涵皆稍有不同，与其政治、社会风气、文人心态等密切相关。历代江南意象，均是在“六朝意象”基础上发展的。“六朝意象”侧重营造一种含蓄的、深沉的、修饰的、绮丽的情景，这与六朝政权更迭频繁、文人为全身避害而迎合君王喜好、形成所谓“宫体”等有关。唐代诗人为“江南意象”铺垫了明艳、婉丽的水乡色彩；两宋文人为“江南意象”增添了“家园”想象；明清作者似乎更侧重于抒发一种对“家园文明”失落的哀悼，皆与其时代的政治背景、文化氛围、文人心态密切相关。与“江南意象”相似，晚明江南诗学的兴起，显然综合了社会背景、经济发达、文化昌盛、世家崛起等各种因素。

四、文化核心内涵

开放包容、敢为人先是江南文化的鲜明特征，尚德务实、义利并举是江南文化的优良传统。崇尚“诗礼传家”“耕读传家”的江南文化孕育了源源不断的高层次人才和创新技术，这是江南经济社会持续快速发展的动因所在。

江南文化的内涵非常丰富，它的核心内涵与价值主要体现在以下三个方面。

1. 开放包容，敢为人先

江南的地域范围在历史上主要是指以长江下游、太湖流域一带为核心的“八府一州”。这里水网密布，环湖通江达海，交通便利。江南自古造船技术先进，随着京杭运河的南北纵贯和漕运的充分发展，以及明代航海事业的大发展，大大开拓了江南人的视野和心胸。同时，江南文化也是兼收并蓄的，从泰伯奔吴到永嘉南渡，从运河漕运到赵宋南迁，饱经战乱的中华文明多次在江南深度融合、休养生息，孕育了江南人包容吸纳的精神特质。

近代以来，江南人在“开眼看世界”的过程中，广泛学习和引进西方先进技术，开启了中华民族工商业的发展。改革开放后，上海以浦东开发开放为龙头，以海纳百川的宏阔胸襟，引进、消化、吸收国外先进技术与管理经验，直接带动了从江南腹地到长江三角洲，乃至整个长江流域的经济发展。

敢为人先的革新精神是江南文化的鲜明特征。江南人的敢为人先，是善于谋划在先，敢于革故鼎新。不仅苛求与众不同的创新思想，更是独具过人的胆识与魄力。江南人的敢为人先，是始终坚忍刚毅，志在引领潮流。不仅注重落地生根的实际行动，更是竭力打造可以领跑的优势与特色。从浦东的开发开放到乡镇企业的异军突起和苏南模式的成功，从“创业创新创优、争先领先率先”的“江苏精神”到“干在实处、走在前列、勇立潮头”的“浙江精神”，都是江南人敢为人先的典型例证。

2. 崇文重教，精益求精

江南自古就有崇文重教的浓郁风气，崇尚“诗礼传家”“耕读传家”。早在公元317年，晋元帝在建康设立太学，而后唐肃宗在常州府设立江南最早的府学，北宋范仲淹在苏州府创办郡学。宋代以后，江南地区书院纷起，文风日盛。自从科举制度创立以来，江南诞生的科举状元几乎半分天下。

近代江南地区民族工商业的发展，也推动了教育的繁荣。江南人不仅自发兴办各类新式学校，一些家境殷实的家族更是热衷于将子女送出国留学，出现了中国最早的一批留学生。留学归来的江南人很多都成为新中国的科技文化先驱。时至今日，江南地区依旧是全国科教高地和人才高地。

江南人的精益求精，是超越平庸的极致追求，不仅对守正出新执念于心，更是以无问西东砥砺于行。从古代江南高超的铸剑、造船等精工技艺，到远销海外的丝绸、刺绣，从近现代以精致著称的“上海制造”，到当今的神威太湖之光超级计算机、蛟龙号深海探测船、上海振华龙门式起重机等大国重器不断涌现，无不体现江南人对于技术的执着追求。江南文化孕育了源源不断的高层次人才和创新技术，这是江南经济社会持续快速发展的动因所在。

3. 尚德务实，义利并举

江南文化自古便有尚德务实的优良传统。吴王阖闾将“厚爱其民”作为执政之道，唐代名相陆贽也强调立国要“以民为本”，“均节赋税恤百姓”。从范仲淹的“先天下之忧而忧，后天下之乐而乐”，到顾炎武的“天下兴亡、匹夫有责”，到顾宪成的“家事国事天下事，事事关心”，无不体现了江南人以民为本的家国情怀。

在近代中华民族面临生死存亡的时刻，一批有责任感的江南人苦苦思索，锐意进取。如以薛福成为代表的政商人士积极投身洋务运动，以张謇、无锡荣氏家族为代表的实业家致力于“实业救国”“教育救国”。江南文化在义与利的关系上更强调义利兼顾、先义后利。司马迁在《史记》中记载，范蠡在“三致千金”后，“分散与贫交疏昆弟”，为后世商人树立了义利兼顾、富而行义的榜样。江南近代工商业者，如徽商、苏商、湖州商帮、宁波商帮等，具有的许多优秀精神品质，与范蠡的思想都有着渊源关系。

第二章

雅致清丽：江南园林的总体特色

陈从周先生在《说园》中提出："园林因地方不同、气候不同，而特征亦不同。园林有其个性，更有其地方性，故产生园林风格，也因之而异。……各地文化艺术、风土人情、树木品类、山水特征等，皆能使园林变化万千。"

传统是文化历史的积淀，地域文化是一定地域的人民在长期历史发展过程中通过体力和脑力劳动创造的，并不断得以积淀、发展和升华的物质和精神的全部成果和成就。无论是现实的物质形态还是非物质形态，具有地域特色的园林景观设计是对历史共同记忆的延续，让人们"望得见山，看得见水，记得住乡愁"。

然而近现代以来，中国具有本土特征的园林景观特色逐渐开始流失，已经引起广大学者对保持、保护城市园林景观特色的关注。同济大学周向频教授指出，中国现代园林正陷入困境中，这些困境包括受到西方园林思想的强势冲击，设计师创造力的减退以及对传统园林精髓的继承流于肤浅，趋于世俗化。总结而言，即为"喧闹而无中心，广阔而无深度"。所以，传承、发扬和光大具有江南地域特征的园林景观迫在眉睫。

第一节　江南古典园林的内涵

一、江南古典园林的含义

江南自然条件优渥，水系丰沛、植物多样、盛产太湖石，且手工艺发达，这些都为园林中的掇山叠石、理水、植物配置和建筑营造等艺术发展提供了得天独厚的有利条件，所以在悠久的中国园林历史中，江南园林是被视为"瑰宝"的一个典型代表，其中又分为"江南古典园林"和"江南现代园林"两个阶段，而以"江南古典园林"较为著名，是最能彰显中国古典园林艺术的一个类型。童寯先生的《江南园林志》是江南古典园林研究的发轫之作，书中认为"南宋以来，园林之盛，首推四州，即湖、杭、苏、扬也。"清代李斗在《扬州画舫录》中评论：

“杭州以湖山胜，苏州以市肆胜，扬州以园亭胜，三者鼎峙，不分轩轾。”刘敦桢先生的《苏州古典园林》指出：“清代江南园林虽推苏州、扬州、杭州为代表，而私家园林则以苏州为最多。”

江南古典园林大都分布于长江下游、太湖流域一带，以苏州、扬州、杭州、湖州为多，加之这些地方自古便是达官显贵、文人墨客云集之地，经济财富的积累以及文化的繁盛提高了对园林的需求，同时出现了许多造园艺术家。他们之中，有的是造诣很深的画家和艺术家，如文震亨、李渔、石涛等，他们以诗画理论来指导造园，留下了不朽的园林杰作；有的是专职造园师，如计成、张南垣、戈裕良等，他们原是文人，擅长绘画，后来亲自参加园林的设计和施工，而且又不断进行总结，著书立说，从而推动了江南古典园林的发展，尤其是私家园林的发展。周维权先生曾指出，当时“江南私家园林兴造数量之多，为国内其他地区所不能企及。绝大部分城镇都有私家园林的建置，而扬州和苏州则更是精华荟萃之地，向有‘园林城市’之美誉。”

二、南北古典园林的差异

这里引用陈从周先生《园林分南北，景物各千秋》一文里的论述。

“春雨江南，秋风蓟北。”这短短两句分别道出了江南与北国景色的不同。当然喽，谈园林南北的不同，不可能离开自然的差异。

我曾经说过，从人类开始有居室，北方是属于窝的系统，原始与穴居，发展到后来的民居，是单面开窗为主，而园林建筑物亦少空透。南方是巢居，其原始建筑为棚，故多敞口，园林建筑物亦然。产生这些有别的情况，还是先就自然环境言之，华丽的北方园林，雅秀的江南园林，有其果，必有其因。园林与其他文化一样，都有地方特性，这种特性形成还是多方面的。

“小桥流水人家”“平林落日归鸦”，分别代表两种不同境界。当然北方的高亢，与南方的婉约，使园林在总的性格上不同了。北方园林我们从《洛阳名园记》中所见的唐宋园林，用土穴、大树，景物雄健，而少叠石小泉之景。明清以后，以北京为中心的园林，受南方园林影响，有了很大变化。但是自然条件却有所制约，当然也有所创新。

首先对水的利用，北方艰于有水，有水方成名园，故北京西郊造园得天独厚。而市园，除引城外水外，则聚水为池，赖人力为之了。水如此，石南方用太湖石，是石灰岩，多湿润，故“水随山转，山因水活”，多姿态，有秀韵。北方用云片石，厚重有余，委婉不足，自然之态，终逊南方。且每年花木落叶，时间较长，因此多用常绿树为主，大量松柏遂为园林主要植物。其浓绿色衬在蓝天白云之下，与黄瓦红柱、牡丹、海棠起极鲜明的对比，绚烂夺目，华丽炫人。

而江南的气候条件下，粉墙黛瓦，竹影兰香，小阁临流，曲廊分院，咫尺之地，容我周旋，所谓“小中见大”，淡雅宜人，多不尽之意。落叶树的栽植，又使人们有四季的感觉。草木华滋，是它得天独厚处。北方非无小园、小景，南方亦存大园、大景。亦正如北宋山水多金碧重彩，南宋多水墨浅绛的情形相同，因为园林所表现的诗情画意，正与诗画相同，诗画言境界，园林同样言境界。

北方皇家园林（官僚地主园林，风格亦近似），我名之为宫廷园林，其富贵气固存，而庸俗之处亦在所难免。南方的清雅平淡，多书卷气，自然亦有寒酸简陋的地方。因此北方的好园林，能有书卷气，所谓北园南调，自然是高品，因此成功的北方园林，都能注意水的应用，正如一个美女一样，那一双秋波是最迷人的地方（图 2-1、图 2-2）。

图 2-1　江南古典园林拙政园

图 2-2　北方古典园林颐和园

我喜欢用昆曲来比南方园林，用京剧来比北方园林（是指同治、光绪后所造园）。京剧受昆曲影响很大，多少也可以说是从昆曲中演变出来，但是有些差异，使人的感觉也有些不同。然而最著名的京剧演员，没有一个不在昆曲上下过功夫。而北方的著名园林，亦应有南匠参加。文化不断交流，又产生了新的事物。

第二节　江南古典园林的特色

"东南财赋地，江浙人文薮。"江南古典园林自晋代兴起，南宋起逐渐蔚为大观，开始引领全国造园风气与潮流，至明、清得以鼎盛，现存的优秀园林大多数是明清时期建造的。总的说来，江南古典园林是中国古典园林中的奇葩，具有极高的历史地位和艺术价值。其园林艺术综合了哲学思想、诗词的意境、绘画的神韵、雕刻的精致等多种艺术文化形式，成为江南文化的典型代表之一。这种文化意蕴对今天的园林景观设计有着举足轻重的价值。

一、哲学思想

江南古典园林深受儒、释、道各家思想的影响，随着时代的发展，生活意趣逐渐增多，园林手法日趋程式化。江南园林有着深厚的传统文化根基，寄情于山水花木，善于充分利用原址自然条件，营造小巧、幽深、雅致、清丽的园林环境。

江南古典园林的主人，主要是在任或者退休的达官显贵，即所谓的士大夫，还有豪绅、大贾之流，即使小园主最起码也是文人墨客之类。造园者凭借他们对自然风景的深刻理解和对自然美的高度鉴赏能力来进行园林的规划设计，同时也把他们对人生哲理的体验、宦海沉浮的感怀倾注于造园艺术之中，使得江南古典园林多具有其主人的品格特征，从而形成了独特的园林思想观念和以文人精神为核心的文人园林。其艺术根源脱胎于中国古代的诗词歌赋、山水绘画、民间艺术和以士大夫为代表的文人价值取向。

二、审美方式

唐宋至明代前期的江南园林文化，主要的审美方式是唐代白居易所提倡的"适意"。在这种"适意"欣赏中，园林作为一种沟通天地自然与个人内心的媒介，目的是最终的"外适内和、体宁心恬"，所追求的在于园林境界和景物给人的感受，而景物形态上的品赏则属于从属、次要的地位，往往只需简单营造即可，"聚拳石为山，环斗水为池"（白居易《草堂记》）就可以获得极大的园林乐趣。

自明代中期以来，江南园林中逐渐体现出以画入园的日益自觉；进入晚明后，这种自觉性完全确立。"园可画"，是长久以来就已流行的；而"画可园"，则是董其昌自己所提出，并显出因此而自得。此后，晚明文人论及以画为园的逐渐增多。造园名家计成曾反复强调园林画意的重要性："宛若画意""楼台入画""天然图画""深意画图"……可见在计成那里，"入画"是理性园林必须达到的境界。因此，在晚明园林文化中，"画意"欣赏在盛行文人园林的江南地区成为最突出的方式。

清代为异族统治，贵族的审美趣味和政治倾向为园林审美带来新的特点。清初统治者逐渐认同并接受汉族文化，崇尚儒雅，追求"清真雅正"的审美趣味，江南园林受此影响，崇尚典雅之美。清代后期，具有鲜明异端特征的近代审美文化奇峰突起，以狂、怪、痴、俗为标志，向典雅的复古文化提出了挑战，造园活动受此影响，逐渐走向异化。

三、营造方法

明代以后，随着人们观念上园林地位的不断上升，在审美上园林欣赏越发深入细致，造园投入增加，造园能手涌现，园林理论层出不穷，名园案例迭出，从而园林营造方法越发复杂，在艺术水准趋向高超的同时，也呈现出深刻的转变。这无论从选址、布局，还是山、水、花木、建筑四大要素的营造，都可以明确看到。

首先是相地立基，从明代中期开始，园林选址更加关注自然景观环境，有山水之胜的城郊是众多名园所青睐之地；尤其是在山林之中造园的增多，也使得因随地势、借取远景的手法更加巧妙。

其次是布局与空间营造，逐渐偏离疏朗旷远，朝着景致多变发展。随着造园的普及，园林和生活结合得更加紧密，园中的活动内容增多，建筑物比例加大，景物配置相应增加，并讲究四时皆宜，可供各种时令和气候的游览；空间处理讲究小中见大、曲折幽深和多层次的画面。在空间景致营造中，善于运用对比和衬托、对景与借景等造园手法，注重空间深度和层次、穿越与跨越的体验。

最后是要素营造，自六朝至明初，在"适意"欣赏审美方式影响下，江南园林中的山景主要是以传统土山置峰手法营造的小型假山，同时，重视人的登游体验，营造接近真山尺度的大型假山逐渐多见；水景主要以"方池"形态出现；花木配置注重以大片林木形成境界氛围；建筑是以静观方式获取总体景观与环境趣味的场所，有时形态和命名也表达着主人的寄托。

随着"画意"欣赏方式的确立，假山营造大多脱离峰石欣赏，更加重视自身的形态特色的欣赏，突出假山特色部位的营造，如岗阜峰峦、洞壑、层台和涧谷等；水景中方池营造逐渐衰落，"曲池""曲水"成为绝对主流，多以池沼、溪流、滩矶、赏鱼等形式出现；花木形态观赏成为主要取向，花木配置要求"四时不断，皆入画图"（文震亨《长物质》）；建筑的数量增多、配置密集，更加关注形态变化和华丽的外观。

四、技术手段

从明代开始，随着园林文化的蓬勃发展，大量人力、物力、财力的投入，江南园林营造技术获得巨大提升。

叠山方面，山水画意成为园林的欣赏标准，山景成为园中必备。假山是江南园林营造中造价最高、难度最大的内容，也成为造园活动的工作重心。就具体技法而言，有以下特点：第一，在叠石造山与环境的关系上，根据需要，配合环境，决定山的位置、形状与大小高低；第二，越发关注假山的组合与轮廓，形成绝壁及峰、峦、谷、涧、洞、路、桥、平台、瀑布等假山组合单元；第三，善于利用假山置石基本材料的特点，如最受推崇的叠山用石为石灰岩的湖石，较好的湖石有涡、洞和皱纹构成石形的独特风格，由此建造的假山和真山比较接近；第四，对叠山中的石壁、石洞、谷涧、蹬道、石峰、土坡置石等方面都有了相对成功的做法；第五，叠石营造过程如相石、估重、奠基、立峰、压叠、设洞、刹垫、拓缝等一系列操作步骤得到总结遵循；此外，假山还十分注重整体气势，与建筑屋宇内外融合，这在扬州园林中有明显的体现。

理水方面，在园景组织上，以水池为中心，辅以溪涧、水谷、瀑布等，配合山石、花木和亭阁形成各种不同的景色；池面的处理上，水池的形式和布置方式都会随着周围环境而改变，庭院和小园林多作简单形状的水池，周围点缀若干湖石、花木和藤萝，再在池中养鱼、种植荷花等；中型园林一般采取山池、花木和房屋综合处理的方式，池面以聚为主，以分为辅，在水池一角用桥梁、水口等划出一二小面积水湾，望之有如源流，或叠石成水涧，造成水源深远的感觉。池岸处理上，多数叠石为岸，或间用石壁、石矶与整齐的驳岸，或临水建造水阁、水廊等，使池岸多样变化。

建筑方面，数量逐渐增多，一般中小型园林的建筑密度可高达 30% 以上，大型园林的建筑密度也多在 15% 以上。园林中建筑类型丰富多样，可供非常灵活的配置选择，常见的建筑类型有：厅、堂、轩、馆、楼、阁、榭、舫、亭、廊等。建筑手段的运用中，还包括窗与墙的灵活多变。墙虽然以粉墙为主，似乎材质单一，但通过波浪形的云墙、阶梯形的折墙等变化，以及墙上的漏窗、洞门的虚实对比，又有了丰富的形态；墙上之窗，变化多样，除窗洞有各种形状，漏窗的图案更是千变万化，增添了园林中的奇幻之美。园林建筑的色彩，多用大片粉墙为基调，配以黑灰色的瓦顶，栗壳色的梁柱、栏杆、挂落，内部装修则多用淡褐色或木纹本色，衬以白墙与水磨砖所制的灰色门框窗框，组成比较素净明快的色彩。建筑还可以作为造景的手段，不论是对景、借景或景物的变换与联系都起着重要作用。

花木配植方面，江南园林中常用的花木有玉兰、桂花、紫薇、梧桐、白皮松、罗汉松、黄杨、鸡爪槭、竹类、南天竹、蜡梅、山茶、海棠、芭蕉等。江南园林中以自然式布置为主，通过与山石、水面、建筑等有机结合，来反映造园的意境和四季景象的变化。常见的是借花木而抒发某种情趣，例如拙政园的“雪香云蔚亭”，意喻梅花象征坚韧不拔；此外，春夏秋冬的时令变化、雨雪阴晴等气候变化都会改变空间意境，进而影响人的感受和园林主题的表达，这些因素往往都是通过花木为媒介而发挥作用的。小空间内的配植以近距离观赏为主，要求配植形态好、色香俱佳的花木，有时还配以玲珑剔透的湖石，以白墙为背景，形成各种画面，常用于房屋的前庭、后院以及由廊子和界墙所构成的小院内。

第三节　江南古典园林案例——杭州西湖郭庄

郭庄现为浙江省省级文物保护单位，是杭州目前极少数保存较为完整的古典私家园林之一，被誉为“西湖古典园林之冠”，与刘庄、汪庄和蒋庄并称为西湖四大名园，素有“不到郭庄，难识西湖园林”之说。园林濒西湖构台榭，以水池为中心，曲水与西湖相通，旁垒湖石假山，玲珑剔透。庄内“景苏阁”正对苏堤，可观外湖景色，建筑大师童寯先生的《江南园林志》一书称其为：“雅洁有致似吴门之瞿园（网师），为武林池馆中最富古趣者。”

一、历史沿革

郭庄位于西湖西岸杨公堤卧龙桥以北，原为绸商宋端甫于清光绪三十三年（1907）所建，是宋氏祠堂所在地，曰“端友别墅”，俗称宋庄。民国期间宋家败落，端友别墅曾抵押给清河坊孔凤春粉店，后卖予自称唐朝郭子仪之后的郭士林，改名为“汾阳别墅”，俗称郭庄。1950年后，郭庄移作他用，此时园内的建筑与园林已经荒芜。1989年10月，郭庄由园林部门接手整修，在著名园林家陈从周教授的倾情指导下，陈先生的高足，时任杭州园林设计院总工程师的陈樟德先生主持，按“修旧如旧”原则复其旧貌，1991年10月1日重新开放（图2-3）。

图2-3　郭庄鸟瞰图

二、总体布局

郭庄分为“静必居”和“一镜天开湖”2部分。“静必居”为宅园部分，是主人居家、会客之场所，室内陈设精致典雅，古色古香；“一镜天开湖”为园林部分，这里曲廊环绕、小桥流水、假山叠石、花木簇拥（图2-4）。郭庄园林的布局包含两条景观视线：一条是由景苏阁向外延伸与西湖苏堤第三桥相呼应的景观视线，产生向外的视线轴线。轴线最精妙之处在于借景西湖，扩大郭庄的园林空间，使郭庄延伸到西湖之中，与西湖景观融为一体。另一条为郭庄内部的园林景观的观赏视线，其内部建筑构成向心轴线，形成内院多空间、多视点和连续性变化的向心对景，无穷的景、无穷的意闪烁其间，层层辉映，形成意境独具魅力而分外赏心悦目的美。整个郭庄以水为中心，园内的内、外水池，毗邻西湖，相互交融，以借景手法使景物更加美不胜收，这也是郭庄有别于苏州园林最明显的地方。

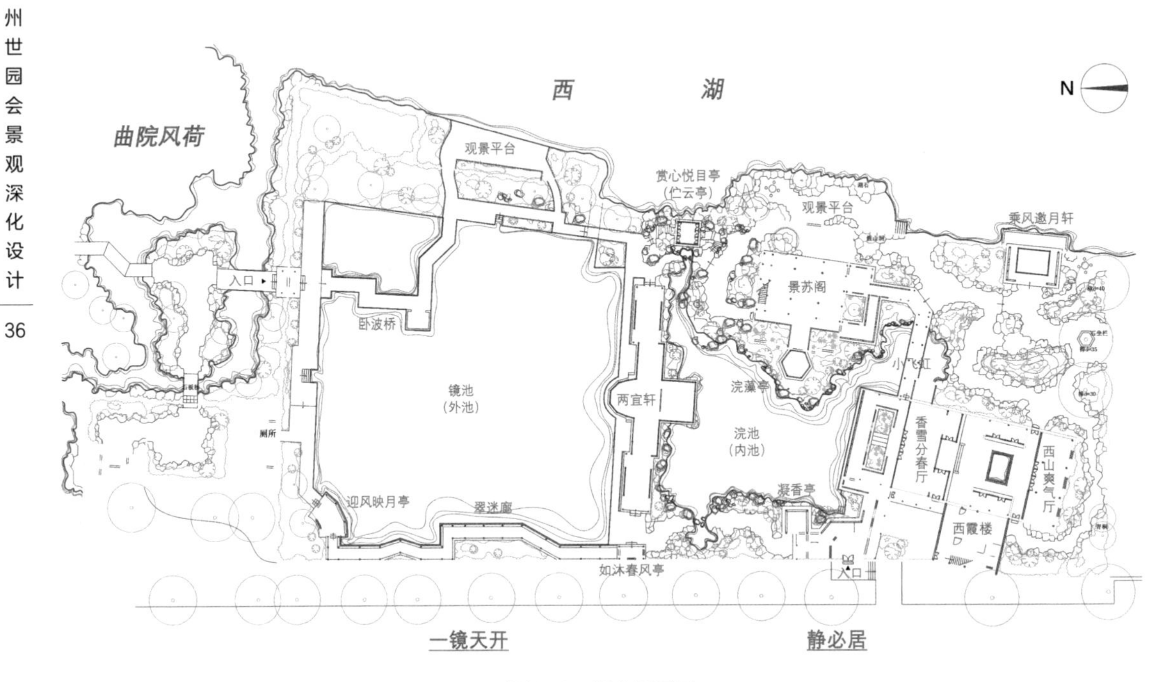

图2-4　郭庄平面图

步入郭庄，先见“静必居”，后入“一镜天开”。进门经复廊几经转折到正厅，上悬匾额“香雪分春”。这是一座颇具浙江民居特色的四合院，左右厢房和后堂构成一小院、院中清一色的石板铺装，中间是一个用石板栏杆围成的方池，池中涓涓细流不断，形成江南民居特有的恬静气氛。园中的曲廊、池阁、后山、石桥形成了一幅精致的景色。湖畔的“乘风邀月”轩，敞门临湖，正对六桥烟柳，揽尽湖光山色。晴日月夜，确有乘风邀月之妙趣。还有假山上的“赏心悦目”亭，居高临下，四周湖山秀色尽收眼底，令人心旷神怡。中秋月夜，若能在亭中吟饮赏月，那真可谓神仙之乐。还有相邻的一处佳景是二层楼的“景苏阁”，原是绣楼，面临苏堤压堤桥，背后有宁静雅致的花园，此处也是庭园的主体建筑，楼下曾是主人下棋弹琴场所，楼上陈列着文房四宝，是当年主人咏诗作画的地方。矮墙月洞门两面的匾额分别题为“枕湖”“摩月”（图 2-5）。站在月门时透视，可见葛岭，如画中一般，倍添人们的兴致。跨出月门，是一船坞，引人下船，去畅游西湖美景。回首处，再看郭庄，绿云掩映下，粉墙、黛瓦、假山、池阁若隐若现，宛似仙境。

图 2-5 月洞门“枕湖”“摩月”匾额

三、造园特色

1. 选址江湖，自得清净

俞樾在《宋氏祠堂联》中写道：“祠在西湖卧龙桥畔，乃里六桥之一也……曲港金沙、长桥玉带，葱茏佳气到云仍。”可见明清时期的郭庄东临西里湖，南濒卧龙桥，西靠杨公堤，北接曲院风荷，其选址是极为讨巧的江湖地，不仅地理位置优越，四周景色宜人，能将西湖美景纳入园中，而且能够因地制宜地将西湖之水引入园内加以利用（图 2-6）。陈从周先生在其《重修汾阳别墅记》中写道：“园外有湖，湖外有堤，堤外有山，山外有塔，西湖之胜汾阳别墅得之矣。”（图 2-7）园主人尤其懂利用其地理位置的优越性，不同于苏州沧浪亭虽临小河却依旧高筑园墙，自成天地。对于郭庄而言，单纯将西湖全景作为全园主景有些过于单一，缺乏层次感。故郭庄在手法上，用围墙“屏蔽”了部分西湖，只选取几个点观赏西湖，分别是：北面“园”区的观景平台、赏心悦目亭、景苏阁外观景平台和乘风邀月轩（图 2-8、图 2-9）。所选四个点观景形式高低俯仰各不相同。如此处理，既发扬了相地之所长：在山水间为求私家园林的安静氛围；又克服了用地之短：完全以东面西湖为借景过于单调无聊。园小乾坤大，其选址可谓是功不可没。

图 2-6　郭庄在环西湖公园绿地中的位置

图 2-7　郭庄的借景视线

图 2-8　从郭庄四个观景点看西湖

图 2-9　从西湖看郭庄

2. **布局大气，宅园分离**

郭庄整体布局随宜，建筑密度适中，以两宜轩为分隔，是典型的前宅后园的形式，南面为“宅”；北面为“园”。宅区作为整个园林的入口，其南面建筑密集，是主人居家、会客之场所，其中“浣池”模仿自然形态而建，池岸曲折蜿蜒，池边太湖石堆砌，与苏州私家园林十分相似（图 2-10）。苏南园林造园都以建筑为主，留园、拙政园、网师园等名园的入口皆为主体建筑的入口，经过曲折迂回建筑的廊才能一窥其中的园林，属园宅一体。然而郭庄较为与众不同的是，以两宜轩为界，南面似传统苏州园林布局，北面却浑然不同。

图 2-10　以浣池为中心的郭庄“宅”区

北面“园”区意图营造一种天然大气的感觉（图 2-11）。首先，其中建筑围绕境池展开，建筑布局较“宅”区更为疏朗。在平面形式上，不如苏南园林一般追求平面的迂回曲折。但为追求空间层次的多变，郭庄布局注重高低错落的变化，两宜轩、如沐春风亭、翠迷廊、迎风映月亭以及最南面的赏心悦目亭，组成了郭庄丰富的布局层次。其次，境池是“园”区的中心，境池形状较为规整，陈从周指出：“苏南之园，其池多曲折，其境柔和。宁绍之园，其池多方，其景平直。”方池是两宋以来受到道家阴阳五行思想中“天圆地方”思想（方池象征地，池内圆形岛屿象征天）和儒家理学思想的影响（方池象征理之所在）而形成的。到了明末时期，苏南地区受造园家“以小见大”的审美思想影响较深，逐渐地转方为曲。然而在浙北地区，仍然保留了对方池的审美，如绍兴园林中的兰亭、快园、朱家花园遗址、鲁迅故居、青藤书屋中均有方池。在郭庄中的方池和曲池兼具，疏密得当，就是最好的例证。郭庄镜池边上的景物，有层次地倒映在水面，水天一色，扩大了空间视觉效果，更显北面“园”区布局之大气。可见郭庄在造园之初就不苛求曲折，而是带有南宋朱熹诗中“半亩方塘一鉴开，天光云影共徘徊”的上升至“理”学的思想。

图 2-11 以镜池为中心的郭庄“园”区

3. 空间流动，步移景异

浙派古典园林的空间主要靠廊道来完成序列的连通。郭庄园林的空间组合在序列的设计上突破了场地的物质边界，它通过廊道的连接变化，达到了“流动空间”的效果，有效地丰富了场地与周边环境之间的空间关系。其中有三处廊道非常关键且特殊，它们都运用了廊道空间的延伸与渗透手法，为原本有限的园林空间提供了更为丰富的层次感，将真实的景观转化为一幅幅古朴雅致、恬淡安谧的古典庭院画卷。

（1）郭庄西门主入口处的复廊。游览路线是：入口石库门→月洞门→庭院小景→复廊。廊的中部是开着花窗的隔墙，两侧是廊道，分别为朝向宅院的通道和朝向内池水院的游廊，形成两个截然不同的空间效果，复廊两端分别是凝香亭和香雪分春厅的回廊（图 2-12）。

图 2-12　郭庄西门主入口处的复廊游线

（2）景苏阁南侧的“卷舒自如”廊道。游览路线是：主入口复廊内侧廊道→香雪分春厅→回字形轩廊→卷舒自如廊道。天井与回廊之间设有墙体遮挡，墙上有月洞门和两个漏窗，可欣赏到一幅幅绝美的框景。

走出轩廊东面的洞门，一处种满梅花的庭院豁然眼前。一泓清流，上架“小飞虹”廊桥，桥东便是书有“卷舒自如”木匾的连廊。连廊连通四个方向的道路，但又没有采取简单的十字交叉方式，并向北延伸与景苏阁相连。景苏阁南面山墙设了一个方形小景，弱化了山墙高耸突兀之感。白墙红枫，绿叶碧波，透过漏窗（三重框景）隐约可见一片波光粼粼，这是园中环内池区域唯一可以看到西湖的地方（图 2-13）。

图 2-13　景苏阁南侧的“卷舒自如”廊道游线

（3）外池的翠迷廊。游览路线是：景苏阁庭院往北→赏心悦目亭→两宜轩往西→如沐春风亭（翠迷廊南入口）。翠迷廊是曲折狭长的水廊，紧贴外池西岸，廊柱对空间进行限定，进而对廊的走向做适当调整。虽然空间有些局促，但曲折后的廊道产生了新的小空间，使视线与框景的空间产生多样的变化，漫步其中，眼前的廊道呈现出曲折迂回的空间感。

翠迷廊尽头是迎风映月亭，平面为扇形，亭子西北面有很大一处空间，植树立石，从亭子漏窗中可以看到湖石与松造景，丰富了亭子的空间层次。扇形的亭子与曲折的廊道及周围直线形的池岸形成对比，更体现了外池空间的单纯，增强了空间的开放性（图 2-14）。

图 2-14　外池的翠迷廊游线

4. 模山范水，宛自天开

《杭州通》对郭庄是这么描述的："园滨湖构台榭，有船坞，以水池为中心，曲水与西湖相通，旁垒湖石假山，玲珑剔透。"中国古典园林可粗略分为山园和水园，而清代的郭庄是水园代表之一。水园中的山石这一造园要素是从属于水的，因此郭庄的筑山数量不多，但其筑山也有自己的特色，可以概括为"秀""崎""疏"三方面。"秀"的手法是将山矮化、小化，使山既有山的景致和神韵，又具有可攀性。如赏心悦目亭所在的假山石，它既模仿自然山体，并有小路可供游人攀登至山石的最高点，并在最高点设亭，供人休憩、赏景。"崎"的手法是在山上有目的地布置各类怪石，这是造园者对自然山体的模仿，如沿小路登上赏心悦目亭，路旁怪石林立、高低不齐，既是模仿自然，又点缀了路边的风景。"疏"的手法是疏密有致的山体格局，镜池区域为疏，浣池区域为密，而密中又产生高低错落的差别，使郭庄筑山富有变化。这三个特点虽然并不能够概括整个中国传统园林的叠山艺术，但在郭庄中得到较好的表达（图 2-15）。

图 2-15　郭庄的假山堆叠

郭庄之水为西湖之水，通过赏心悦目亭下假山隐藏园林的入水口，并在园内以两宜轩为界，将水贯穿于“静必居”和“一镜天开”两大区域给人以深邃藏幽、不可穷尽之感。内池通过赏心悦目亭下的水斗门与西湖相通，以太湖石作为驳岸，假山叠石参差错落，沿池岸建有“香雪分春”轩廊、“小飞虹”廊桥、浣藻亭、两宜轩、凝香亭等建筑，形成一种向心、内聚的格局。岸边山石嶙峋、灌木丰茂，以亭台楼阁为背景，优美如画（图 2-16）。外池通过东南角的水闸进口与西湖相通，驳岸由铁红色条石砌筑而成，西、南两侧有翠迷廊、两宜轩围合，开阔中透着发散的意蕴，水上面的曲桥、游廊透着疏朗的园林意境，背景是一色的水杉林，简练、明快，池中点缀睡莲，观赏鱼和水鸟使园林富于生机（图 2-17）。

但郭庄的水景并不止于园内，更是借助漏窗、观水平台等，虚借西湖水以拓展外围环境，并利用西湖已形成的自然景观和人文景观升华郭庄自身的格调和氛围，有了西湖大水面的衬托，郭庄也愈加显得雅洁而又富有古趣，似乎彰显了园主人“江海寄余生”“相忘于江湖”的人生境界。

图 2-16　郭庄内池的水景营造

图 2-17　郭庄外池的水景营造（一）

图 2-17　郭庄外池的水景营造（二）

5. 建筑幽雅，植物精致

郭庄的园林建筑既追求严谨的协调性，又保留了如诗如画的艺术意境；既传承了浙派传统园林风格，融入了浙江民居风貌，又保持了庄园独有的古趣。从建筑的总体形象到局部的装饰纹样都细致精美，其中的粉墙、黛瓦、栗柱均采用素色、白色、原色，无彩绘、少雕饰，风格淡雅。郭庄建筑采用了大量简单别致，具有浙江地方建筑特色的灰塑、木雕，而粉墙黛瓦、磨砖地坪、石板路等，也都十分具有代表性。如宅院区，建筑型制古朴雅洁，砖雕、木雕简而不陋，素雅的木构件刷木色油漆，保留了木材的生长纹路，凸显了自然之美，构成了一座具有浙江民居特色的四合院（图 2-18）。

图 2-18　郭庄建筑营造

郭庄的植物种类丰富。水池周边除了香樟、水杉、大叶柳、枫香、黄檀等占比大的树种外，还有兰花、南天竹、杜鹃、美人茶等植物，以及造型各异、错落有致的假山叠石，花与树、树与假山、假山与池塘，步移景异，相映成趣。

郭庄的植物配置手法多样，有丛植、点植等，但其中以片植最为出彩。片植是利用同种植物仿造自然式进行成片种植，植物本身具有的自然美和人文美能够通过片植的手法处理而被放大、被凸显。如郭庄东南隅小庭院片植梅树，取喻于宋代林逋喜爱梅花之品行高洁的历史典故，林逋有《山园小梅》云："众芳摇落独暄妍，占尽风情向小园。疏影横斜水清浅，暗香浮动月黄昏。"以诗的意境来提升园林本身的格调。同时，得益于西湖的大环境，片植的植物景观不仅仅局限于郭庄园内，更将郭庄周边的植物景观纳入园中，如园外北面片植的大片水杉林，既可作为"一镜天开"的背景，又为郭庄营造出密林深处有人家的意境（图 2-19）。

图 2-19　郭庄植物配置

6. 景面文心，情景交融

江南私家园林的园主大多能诗善画，文化修养很高，因而园林建造也深受中国古代诗词和文学的影响，透露着深厚的文化气息，其中就主要体现在典故的联系、诗文以及题词的结合等方面，有效地激发了人的联想，加强了其感染力，这就是所谓"景无情不发，情无景不生"。

郭庄内亦是处处暗喻着诗情画意的文人气息，如香雪分春厅（图 2-20），此厅居郭庄南部的静必居前堂、后院式建筑群中轴线上，高敞富丽，陈设典雅，是主人用来会见贵客的地方。前堂正中高悬的正是"香雪分春"匾额，此名取自厅堂东侧园中植梅树成林，梅花开时，分得湖山一片春色之意。后堂旧有的一副楹联重新制作后挂在景苏阁内：“红杏领春风，愿不速客来醉千日；绿杨足烟水，在小新堤上第三桥”，顿时把人引入高雅的意境。

图 2-20　香雪分春厅

图 2-21　两宜轩

与香雪分春互为对景的两宜轩（图 2-21）则取自苏东坡《饮湖上初晴后雨》诗“水光潋滟晴方好，山色空濛雨亦奇。欲把西湖比西子，淡妆浓抹总相宜”句意。引用得恰到好处，意境顿然提升到一个新的高度。此外，园中景苏阁亦是来自远眺苏堤而产生对东坡先生的景仰之情（图 2-22）。

图 2-22　景苏阁

图 2-23　赏心悦目亭

再如赏心悦目亭，又名伫云亭，耸立于景苏阁东侧俯临西里湖太湖石假山之巅。假山系清代所砌遗构，下部架空，引西湖活水入庄与一镜天开池水相通。此亭为一座造型极为特别的四角攒尖顶建筑，亭四面皆不为空，有女墙明窗以饰，形成一个封闭空间而与一般的亭子迥异。亭上有匾额："赏心悦目"。登上赏心悦目亭，居高临下，八面来风。亭前伫望：苏堤春晓，四季如画；潋滟湖光，庄园景致，多方胜迹无不赏心悦目。在这里，四周湖山秀色尽收眼底，令人心旷神怡（图2-23）。陈从周先生称"此处最令人叫绝者"，并有《西湖郭庄闲眺》诗云："苏堤如带水溶溶，小阁临流照影空。仿佛曲终人不见，阑干闲了柳丝风。"

此外，"乘风邀月轩"（中秋之夜，举杯邀月）、"凝香亭"（周围遍植芳香类植物）、"浣藻亭"（洗涤文句，清扫心境）、"如沐春风亭"（得到高人教益或感化）、"迎风映月亭"（取意苏轼名篇《点绛唇·闲倚胡床》）等命名均有诗意的体现。

值得一提的是，原来翠迷廊南北两端分别连接两座亭子，北面的叫"迎风映月亭"，是一座位于围墙一角的扇形半亭；南面的叫"如沐春风亭"，是一座四角攒尖顶四角半亭。2016年，为了纪念陈从周先生，有关部门将翠迷廊南端的亭子改为"梓翁亭"，"梓翁亭"匾额由梓翁笔友叶圣陶先生题写，并将陈先生题写的"迎风映月"匾额移至此处。而"如沐春风"匾额便换至翠迷廊北面亭内。梓翁亭原为碑亭，里面原有陈先生写的《重修汾阳别墅记》的石碑，如今已不知置于何处，现镜框内为其拓片，拓片表露了陈从周先生对郭庄重修过程及景观的赞美之词，左右还分列《陈从周介绍》和《修梓翁亭记》两幅拓片。我们认为，用梓翁亭纪念园林大师陈从周先生，这是值得赞赏的，但更换两座亭子里原来的匾额，亭名改变了园林设计的原有意境，这就得不偿失了。因此，本书中对两座亭子名称的所有描述均按陈从周先生设计时的原意，与亭子现在的名称相反。我们也衷心希望，有朝一日能将"迎风映月"匾额放回原处，将"如沐春风"匾额放到梓翁亭内。

第四节　新时代江南园林的内涵

综上所述，江南古典园林是最能代表中国古典园林艺术成就的一个类型，它在秀丽婉约、朴素淡雅之中体现出中国人"道法自然"的生活方式，它特色鲜明地折射出中国人"天人合一"的自然观和人生观，凝聚了中国知识分子和能工巧匠的勤劳和智慧，蕴涵了儒释道等哲学、宗教思想及山水诗、山水画等传统艺术，不仅在国家文化交流的"园林外交"中越来越多地充当中国文化大使，而且在民间也变换着场景以整体或片段的身姿日益频繁地呈现在各地。

江南古典园林的造园思想与手法对现代园林景观设计影响很大，如以自然之美为原则的设计思想，巧用他处风景的空间设计技巧，以意境为表现手法等在现代园林景观设计中都有很多的运用，其注重整体性、连续性、因地制宜的传统理念也在现代园林景观设计中得到了继承和发展。

2012年十八大召开以来，随着生态文明、两山理念、美丽中国、美好生活、公园城市、三生融合、文旅融合、乡村振兴、文化自信等理念的提出，标志着我国风景园林行业迎来了蓬勃发展的春天！其中，新时代江南园林传承发展江南古典园林的深厚文化底蕴和精湛技艺，已发展成为中国园林的领头羊！

在本书第一章中，将“新时代江南地区”界定为以《长江三角洲区域一体化发展规划纲要（2019 ~ 2035）》中提出的27个城市为核心区的长江三角洲地区，包括上海市、江苏省、浙江省、安徽省全域41个城市。因此，“新时代江南园林”可以定义为：生态文明新时代，长三角“三省一市”范围内，传承发展江南古典园林风格，并凸显新时代地域特色的园林的统称。在当今生态文明建设大背景下，新时代江南园林必将传承与发展江南古典园林艺术的精髓，继续引领中国园林的未来发展。

第三章

四色江南：江南园林的分区特色

园林景观设计是一门综合的学科，其目的是满足社会大众对园林景观的追求，在美化人居环境的同时丰富人们的精神世界。而园林景观需要建立在地域特色的基础上，首先，园林景观本身就极具地域文化特色，只有在设计的过程中将当地文化特色与理念融入其中，才能使最终的建设作品更加彰显特色，具有浓郁的地方风味。其次，在设计中应用地域文化也有利于控制建设成本，加强对工程进展的控制力度。在园林景观的设计过程中，要以所在地区的地域特色为基础，把握和挖掘自然、文化特点，努力展现当地的历史和文化内涵。

在现代化建设进程中，园林景观设计既要保护好地区历史文化，延续地区文脉，又要使历史和当代相得益彰。我国地域广大，各地区的自然风光与风土人情差异很大，本章选取新时代江南地区代表的长三角三省一市，从各分区（各省市）的自然景观要素和文化景观要素两个方面入手，解析各类要素的案例与特征，以期为江南特色园林景观设计过程中，各要素的展示与表达提供参考素材。

第一节　上海特色园林景观设计要素

上海位于北纬 31° 14′，东经 121° 29′，地处太平洋西岸，亚洲大陆东沿，是长江三角洲冲积平原的一部分。上海西接江苏、浙江两省，北接长江入海口，是一个良好的江海港口。上海简称“沪”，别称“申”。约 6000 年前，现在的上海西部即已成陆。春秋战国时期，相传上海曾经是楚国春申君的封邑，故上海别称为“申”。公元 4 世纪至 5 世纪时的晋朝，因此地居民创造了一种竹编的捕鱼工具而得名“滬（沪）”。公元 1292 年，元朝政府把上海镇从华亭县划出，批准设立上海县，标志着上海建城之始。至“十三五”期末，上海已基本建成国际经济、金融、贸易、航运中心，具有全球影响力的科技创新中心形成基本框架，并向具有世界影响力的社会主义现代化国际大都市稳步迈进。至 2020 年末，上海全市行政区划面积为 6340.5km^2，占全国总面积的 0.06%。上海有 16 个区，共 107 个街道、106 个镇、2 个乡（图 3-1）。

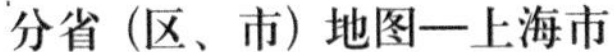

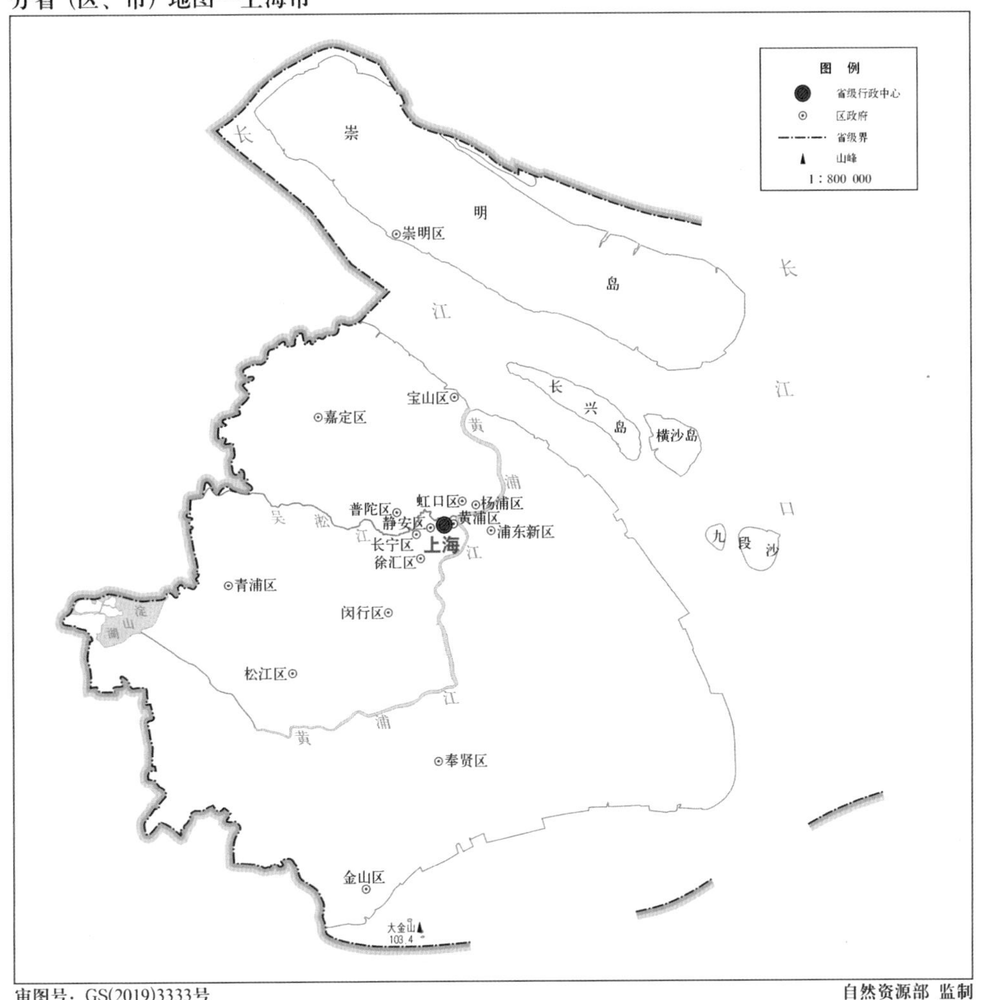

图 3-1 上海市政区简图

一、自然景观要素

1. 地形地貌

上海是长江三角洲冲积平原的一部分，平均海拔高度 2.19m。海拔最高点是位于金山区杭州湾的大金山岛，海拔高度 103.7m。西部有天马山、薛山、凤凰山等残丘，天马山为上海陆上最高点，海拔高度 99.8m，立有石碑“佘山之巅”。海域上有大金山岛、小金山岛、浮山岛（乌龟山岛）、佘山岛、小洋山岛等岩岛。

在上海北面的长江入海处，有崇明岛、长兴岛、横沙岛 3 个岛屿，其中崇明岛由长江挟带下来的泥沙冲积而成，面积 1269.1km^2，是中国第三大岛、中国最大的河口冲积岛、中国最大的沙岛，成陆历史有 1300 多年，被誉为“长江门户、东海瀛洲"，岛上地势平坦，土地肥沃，林木茂盛，物产富饶，是有名的鱼米之乡。

上海因其独特的地理位置和地貌特点，不仅气候温润，雨水充沛，河道众多，适合农作物生长和人类繁衍生息，而且具备了天然成为良港的重要条件：首先，它正好处于我国海岸线的中点，又在我国最大的内河、航运条件良好的长江入海口附近，所谓"江海之通津"（清嘉庆《上海县志·风俗》），其作为港口的地理位置可谓得天独厚；其次，它腹地广阔，且物产丰富，人口繁盛，经济发达，可以为港口提供充沛的人力资源和物资货源；再次，它境内除少量基岩残丘，均为平原，地势平坦，这对于建造码头、仓储、厂房和交通运输都极为有利；还有，它离入海口吴淞口约四十里，既有利于防御倭寇和海盗的侵扰，又可屏蔽和缓冲台风的袭击，加之历史上没有太多严重的自然灾害，其作为港口的安全性也是不可忽略的因素。所有这一切，都为近代上海迅速崛起为中国最大的港口城市提供了重要条件。

2. 河流水系

上海河网主要有流经市区的主干道黄浦江及其支流苏州河、川杨河、淀浦河等。淀山湖是上海最大的湖泊。

黄浦江是上海的地标河流，全长约 113km，河宽 300 ~ 770m，在上海市中心外白渡桥接纳吴淞江（苏州河）后在吴淞口注入长江，是长江汇入东海之前的最后一条支流。黄浦江流经上海市区，将上海分成浦西和浦东。黄浦两岸荟萃了上海城市景观的精华，是兼有饮用水源、航运、排洪排涝、渔业、旅游等价值的多功能河流（图 3-2）。

图 3-2 黄浦江两岸

苏州河是黄浦江支流吴淞江上海段的俗称，自上海市青浦区白鹤镇进入上海市境，至外白渡桥东侧汇入黄浦江，长度约为 53.1km。苏州河沿岸是上海最初形成发展的中心，催生了几乎大半个古代上海，后又用 100 年时间成为搭建国际大都市上海的水域框架。苏州河下游近海处被称为“沪渎”，是上海市简称的命名来源（图 3-3）。

图 3-3　苏州河两岸

3. 代表性自然景观

黄浦江是上海的代表性自然景观。上海是中国共产党的诞生地、中国工人运动的摇篮、马克思主义在中国最早的传播窗口，党的一大、二大、四大都在上海召开，650 余处革命遗址遗迹遍布全市。近一个世纪以来，红色文化一直是上海这座城市的底色，黄浦江两岸涌动着无数红色记忆：黄浦江畔是中国共产党的诞生地；从黄浦江畔起航，上海成为留法勤工俭学生汇聚地和出发地；位于黄浦江畔的江南造船厂旧址，前身是江南机器制造总局，也就是后来的江南造船所，它既是中国近代工业的发祥地，更是中国共产党领导下的工人运动的红色堡垒；黄浦江东岸的浦东新区，奏响改革开放最强音……

二、文化景观要素

1. 地域文化发展

今天，上海作为中国最具活力和魅力的城市之一，正朝着建设具有世界影响力的社会主义现代化国际大都市的目标大踏步前进，并按照国家发展战略，引领和带动整个长江三角洲地区成为我国首个具有较强国际竞争力的世界级城市群。在这凝聚了上海、江南和中国几代人梦想的历史跨越式发展中，不仅上海已成为海内外投资的热土，而且上海文化作为中国地域文化重要的一部分，特别是近代以降作为中国都市文化的先行者，正引起海内外学者的广泛关注，并成为中外城市研究的一个热点。因此，梳理和总结上海传统文化的代表性要素（时间下限在 1911 年辛亥革命），不仅是全面了解和研究江南地域文化应有的题中之义，而且是思考当代城市和社会发展的一个重要观照点，极具历史和现实意义。

上海文化的源头，至少可以追溯到六七千年以前。这一片长江入海口左近的河网地区，物产丰富，气候温润，为人类生存发展提供了优越条件。根据考古材料和有关文献判断，生活于此的上海地区先民辛勤劳作，在创造出具有本地特色文化的同时，也与其他地区先民有所交流，同样为我们民族灿烂的古代文化作出了自己的贡献。

上海地处吴越之间，上海古代文化即为吴越文化的一部分。春秋战国时代的吴越文化是上海文化的始源，在吴越文化基础上诞生的江南文化是上海文化的近源。从魏晋时期特别是东晋时期开始，至明清时期，江南文化进入了一个重要的发展期。在这一时期中，有两次重大的历史事件和人口迁徙对江南文化的发展影响甚巨：一是晋室的南迁，二是宋王朝的南渡。

通常认为，吴越地区的先民曾比较强悍，所谓“好剑”“轻死”“文身断发”，是个“蛮夷之地”(《吴越春秋》《越绝书》)。但到明清时期，江南文化已以柔软、柔慧、柔美和柔和为主要特征，其间嬗变，颇耐人寻味。究其原因，和晋室南迁与宋王朝南渡不无关系：前者带来了中原文化的洗礼，把北方士族好清谈、喜文学的风气带到了江南地区；后者更把从宋王朝开始的尚文传统植入江南，加之宋以后江南地区经济的繁荣、城市的兴盛和社会的安定，为尚文传统扎根于江南提供了适合的土壤和温床，因而吴越先民的“好剑”“轻死”，至此变成了江南民风的“尚文”“竞奢”。这是一个缓慢的渐变过程，这个过程进入到近代，又在一次难得的历史机遇中，从中破茧而出一种新的既植有母体基因、又带有多种异质的文化，即近代上海文化。

早在鸦片战争之前，上海就已成为江南地区的一个重要口岸和枢纽，商业发达，市场繁荣。以英国为代表的西方势力也早就注意到了上海的特殊有利条件，充分估量了它的重要地位和发展前途，于是上海成为英国发动鸦片战争志在必夺的五个通商口岸之一。1843 年上海开埠以后，由于其特殊的地理和历史条件，迅速崛起为江南乃至全国的中心城市。这一中心城市的地位具体体现在人口超过百万的特大城市，集航运、贸易、金融、工业为一体的多功能经济中心，以及文化发达、人才集聚的文化中心等多个方面。上海作为中心城市的崛起，使诞生于江南文化土壤之上的上海文化的地位迅速上升，成为辐射和引领整个江南文化的核心源，由此形成了上海的特色地域文化——“海派文化”。

2. 地域文化特征

总而言之，在中国地域文化谱系中，上海古代文化属于吴越文化和江南文化的一部分，其特征与吴越文化和江南文化大体相同或相近。近代以降，特别是上海开埠以后，西风东渐，商风浸淫，异质文化的交融与交汇给上海文化注入了崭新的活力，这种异质文化主要来自两个方面：一是以欧风美雨为代表的外来文化，二是因商业都会而盛行的近代商业文化。前者和中国固有的本土文化有着本质的不同，后者和中国传统的伦理文化大相异趣，并和古代的商业文化有着质的区别，因而使近代上海文化具备了独立的品格，形成了和古代迥然不同、驳杂多彩的特征，这些特征归结起来有以下四个方面：

一是趋时求新。近代上海因其特殊的地位和条件，往往在很多方面成为全国得风气之先、开风气之先者，大至社会思潮，小至日常生活，包括价值观念、行为方式、学术研究、文化艺术、饮食起居、服饰妆扮、娱乐游戏、风俗习惯，上海文化都表现了敢于破除陈规旧俗、勇于更新创新和喜欢标新立异的特点。

二是中西交融。近代上海作为我国最早对外开放的通商口岸，伴随着商贾的频繁往来，各种外来文化也相继登岸。其中特别是包括价值观念、器物技艺和生活方式等在内的西方文明的进入，不仅使上海成为当时中国最洋气的城市，也使上海文化成为中国地域文化谱系中开放和包容度最大的文化。今天，人们对上海文化可能有这样那样不同的提炼和概括，但有一点是共同的，这就是所谓“海纳百川，有容乃大”，即上海文化具有开放包容的特点，这种开放包容突出体现在中西文化的交融上。

三是商业意识。上海是座近代崛起的商业都会，在商言商，近代商业意识深深浸染着文化的各个方面。早期海派绘画所谓“以生计所迫，不得不稍投时好，以博润资”，数语道破了其商业性特点。其实不独绘画如此，上海作为一座“文化码头”，举凡文化的方方面面，画画的、演戏的、唱歌的、跳舞的、写作的、说书的、展览的、杂耍的，无不是把文化作为一种商业行为来策划运作，因而使上海文化深深烙上了商业的印记。

四是市民趣味。近代上海作为一座人口超过百万的特大城市，其市民阶层构成了城市中数量最多的人口群体，而且这一群体的构成和传统市民阶层发生了质的变化：其中以买办和通事为代表的新式商人，从事金融、商业和实业投资的资本家，以产业工人为主体的城市劳动者，以及城市管理部门和公共机构的职员与知识分子，都是过去传统市民阶层所没有的，他们既是城市经济和社会活动的主体，也是文化生产和消费的主体。以绘画和戏剧为发端，进而辐射至各种艺术形式的近代上海文化，自然要首先面对这一庞大的消费群体，迎合和适应他们的审美趣味，这样才有可能满足市场的需求，增强市场的竞争力。

3. 代表性文化景观

上海的代表性文化景观，体现在以黄浦江为代表的海派建筑文化。

作为近代中国西化程度最深的城市，开埠之前的上海与一般江南县城并没有太多的差别：街道狭窄，民房低矮，可供观赏的园林不多，只有城墙上耸立的几座楼阁——丹凤楼、大境阁等，俯视着上海城厢，成为游人登临观赏的胜境。

开埠数十年间，传统建筑一统天下的格局被打破。各式各样或高大壮观、或小巧玲珑的西式建筑散布在租界各处，外滩一带更是连成一片的西式公共建筑；遍布市区的，则是中西结合的石库门建筑；以致市井之中，江南地区习见的传统民居反倒成为一种点缀。

上海有“十里洋场”之说，所谓“洋场”，首先指的就是建筑格调：无论是民居，还是各式公共建筑，更多地体现了欧风美雨的熏陶，形成与中国其他城市不同的风貌，为后人留下了世上难得一见的多种建筑风格的集合，使上海赢得“万国建筑博览”的美誉。

（1）传统石库门建筑——中国共产党的诞生地

开埠后，上海的住宅建筑越来越多地渗入西方风格。且不说明显与中国传统建筑大异其趣的洋房、高楼，即便是上海最为普遍的石库门住宅，也包含着多种西方元素。咸丰三年（1853）小刀会起义后，上海城乡居民纷纷避难租界。当江浙地区成为太平军与清军激战的战场，更多的人逃入上海租界，使租界人口激增。于是外商大量建造占地少、成本低、建造速度快的木板房供华人居住。它们一般采用此时刚在西方兴起的联排式总体布局，以某某“里”命名，成为上海弄堂的雏形，上海的民居中出现了西方建筑的元素。

同治九年（1870）以后，联排木板房因易燃而被租界当局取缔。在此之前，石库门弄堂开始出现。石库门建筑样式为典型的中西合璧：总体布局依照木板房的前例，采用联排式，单元平面则采取中国传统的三合院或四合院的形式，结构也是中国传统的砖木立帖式，山墙为马头墙或观音兜。它外形的显著特征为黑漆大门，外包条石门框，犹如石条箍住大门。“箍”“库”在沪语中音近，故有人认为，石库门系“石箍门”转音而来。也有人认为，这种新式住宅远比木板房牢固，而传说中国古代帝王宫殿有路门、应门、皋门、雉门、库门五门，诸侯宫殿有路门、雉门、库门三门，都以库门为最外面的大门，将新式住宅称为石库门，实际是将它比作宫殿，体现了上海人的幽默。

通常石库门坐北朝南，进大门有一天井，正面为客堂，两边为厢房。有的石库门客堂后有一小天井，天井后是厨房，俗称灶披间。客堂后有楼梯，半腰处为亭子间，其下为厨房，上面为晒台。石库门一门一户，早期的比较宽敞，有五开间的。后来，随着人口的激增，需求的扩大，石库门建筑呈现出开间缩减、单元内布置越发紧凑的趋势。19、20世纪之交，石库门以三开间一客堂两厢房（俗称三上三下）和二开间一客堂一厢房（俗称二上二下）为主。进入20世纪以后，石库门单元平面更以单开间或双开间为多，结构多以承重砖墙代替立帖式，大门门框多用斩假石等人工材料代替条石，门楣等处一般有几何图案的西式山花与线脚装饰，墙面多用清水砖墙而少用石灰粉刷。总体来说，在保留联排房总体布局和两端山墙的基础上，石库门越来越美观、紧凑和实用。经过数十年的发展，上海成为石库门的海洋，各式石库门成为上海市民最主要的住宅（图3-4）。

图 3-4　上海石库门建筑

在上海众多石库门建筑中，有一座“红色”建筑，它就是中共一大会址所在地。它建于 1920 年，位于上海市黄浦区黄陂南路 374 号，是一幢沿街砖木结构一底一楼旧式石库门住宅建筑，坐北朝南，外墙青红砖交错，镶嵌白色粉线，门楣有矾红色雕花，黑漆大门上配铜环，门框围以米黄色石条，门楣上部有拱形堆塑花饰。原有楼房共 2 排 9 幢，一上一下，砖木结构，坐北朝南。南面一排有 5 幢房屋，会址即在西首两幢，其中楼下一间 $18m^2$ 的客厅就是中共一大的召开地（图 3-5）。

图 3-5　中共一大会址

中华人民共和国成立后，党和政府通过多方查询、证实，找到会址，并按当年的模样进行整修和复制，原样恢复了会址里的家具物品。1951 年对其进行了全面整修，1952 年正式对外开放，1961 年经国务院公布为全国重点文物保护单位。

（2）开埠后以外滩为代表的城市公共建筑

上海外滩建筑群位于上海市黄浦区东部、黄浦江西岸延安东路至外白渡桥滨江地带。上海外滩建筑群形成于 20 世纪初至 20 世纪 30 年代，代表着当时世界建筑设计和施工技术的一流水平。

上海外滩建筑群是上海历史文化和美学价值最高的近代建筑群体，式样五花八门，诸如英国古典式、英国新古典式、英国文艺复兴式、法国古典式、法国大住宅式、哥特式、巴洛克式、近代西方式、东印度式、折中主义式、中西掺合式等。主要建筑有汇中饭店大楼、东方汇理银行大楼、上海总会大楼、亚细亚大楼、怡和洋行大楼、汇丰银行大楼、江海关大楼、沙逊大厦、百老汇大厦、中国银行大楼等（图 3-6）。上海外滩是上海城市的象征，承载着上海自开埠以来的历史，浓缩了代表百年中国政治、经济、文化的变迁。

图 3–6 上海外滩建筑群

（3）近代西式花园别墅

开埠后，“西风东渐”，西式别墅（上海通常称“花园洋房”）开始出现并迅速发展，建屋者多为外国人和海上富商、文人。以它们出现的时间早晚，大致可分为三个阶段：

第一阶段：19 世纪 50 ~ 60 年代所建的西式别墅，多集中在外滩附近及虹口昆山路一带。它们非常精致，宜于起居，上海人看了很欣赏，只是惋惜它们过于小巧，不像中国的深宅大院，“曲折深邃”。其实燕瘦环肥，各有所长，西式别墅设备齐全、方便实用的优点还是显而易见的。

第二阶段：19 世纪后期至 20 世纪初，随着租界的扩张，西式别墅出现了两大变化：一是分布范围扩大，由市中心区向四周扩散。二是大型别墅大量出现。尤其别墅主人的身价较高时，建造的别墅更是豪华。它们平面强调对称，立面追求气派，装饰讲究细致，包括仿古典式、西班牙式和乡村庄园式别墅等类型。代表性的花园别墅如位于海格路（今华山路）的丁香花园、毕勋路（今汾阳路）的中国海关关署俱乐部（俗称小木楼）、万航渡路的盛恩颐宅、汾阳路的法租界公董局总董官邸、瑞金二路的马立斯花园住宅、西江路（今淮海中路）的盛宣怀后裔住宅（图 3-7）。

第三阶段：20 世纪 20 年代以后，上海花园住宅在注重使用功能的同时，外形追求立体效果。因不在本研究时限范围之内，兹不赘述。

（a）丁香花园

（b）马立斯花园

图 3-7　上海近代花园别墅

第二节 江苏特色园林景观设计要素

江苏省，简称“苏”，位于中国大陆东部沿海，地跨北纬 30° 45′ ~ 35° 08′，东经 116° 21′ ~ 121° 56′。溯流求源，江苏是《尚书・禹贡》所载九州中的徐、扬两州的一部分。清康熙六年（1667）因江南布政使司东西分置而建省。省名为“江南江淮扬徐海通等处承宣布政使司”与“江南苏松常镇太等处承宣布政使司”合称之简称。江苏省辖江临海，扼淮控湖，经济繁荣，教育发达，文化昌盛。地跨长江、淮河南北，拥有吴、金陵、淮扬、楚汉等多元文化及地域特征。江苏省地处中国东部，地理上跨越南北，气候、植被同时具有南方和北方的特征。江苏省东临黄海，与上海市、浙江省、安徽省、山东省接壤。江苏省总面积 10.72 万 km^2，占全国的 1.12%。截至 2020 年底，江苏省共有 13 个设区市，95 个县（市、区），720 个乡镇，523 个街道（图 3-8）。

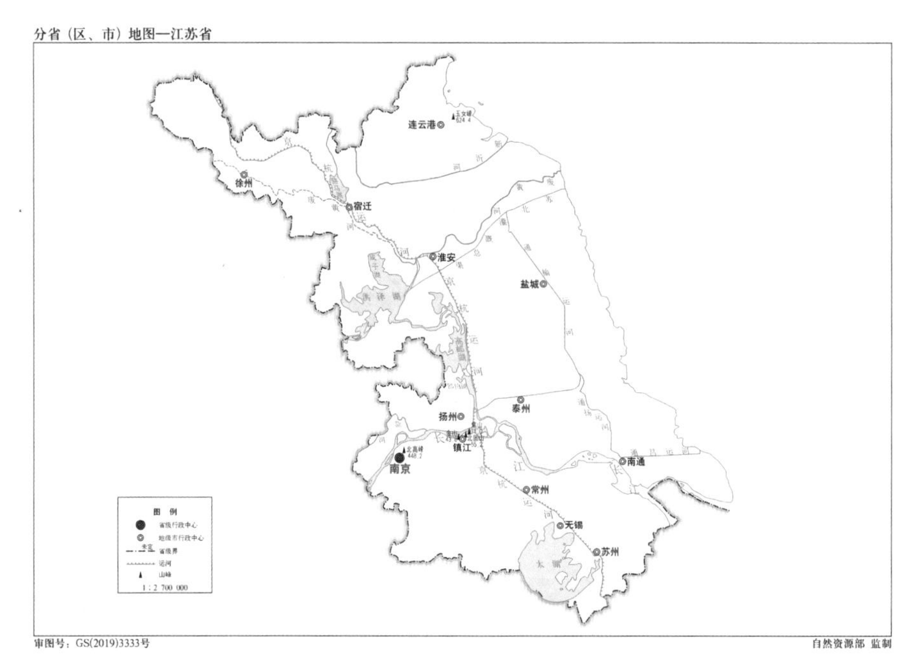

图 3-8 江苏省地图

一、自然景观要素

1. 地形地貌

江苏省地貌包含平原、山地和丘陵三种类型。其中，平原面积占比 86.90%，丘陵面积占比 11.54%，山地面积占比 1.56%。江苏是全国地势最低平的一个省，全省 93.89% 的陆地面积处于 0° ~ 2° 的平坡地中，仅有 0.03% 的陆地面积处于 35° 以上的极陡坡地中。山地主要有宁镇丘陵、茅山山脉、宜溧山地、云台山等，相对高度多不超过 500m，连云港云台山玉女峰是全省最高峰，海拔 624.4m。山无高耸陡峭之峰，冈峦逶迤起伏舒缓。这些丘陵、山冈与平原的结合部，依山傍水，资源丰盈，适宜人居，是早期人类社会发育活动的场所。

2. 河流水系

江苏省跨江滨海，湖泊众多，水网密布，海陆相邻，是全国唯一拥有大江大河大湖大海的省份，水域面积占 16.9%。长江横穿东西 426km，大运河纵贯南北 718km。全省有乡级以上河道 2 万余条、县级河道 2000 多条，其中列入省骨干河道名录的有 723 条。面积 50km^2 以上的湖泊 12 个，其中面积超过 1000km^2 的太湖、洪泽湖，分别为全国第三、四大淡水湖。

3. 代表性自然景观

太湖是江苏的代表性自然景观。太湖位于江苏省南部，古称震泽、具区，又名五湖、笠泽，是中国五大淡水湖之一，位居第三，北临江苏无锡，南濒浙江湖州，西依江苏常州、江苏宜兴，东近江苏苏州。太湖湖泊面积 2427.8km^2，水域面积为 2338.1km^2，湖岸线全长 393.2km。其西和西南侧为丘陵山地，东侧以平原及水网为主。太湖河港纵横，河口众多，有主要进出河流 50 余条。太湖岛屿众多，有 50 多个，其中 18 个岛屿有人居住（图 3-9）。

太湖流域自古以来即为“鱼米之乡”“江南水乡”，这里河湖交错，水网纵横，小桥流水、古镇小城、田园村舍、如诗如画。江南水乡所处的太湖水网地区，气候温和，季节分明，雨量充沛，因此形成了以水运为主的交通体系。居民的生产生活依赖着水，这种自然的环境和功能的需要，塑造了极富韵味的江南水乡民居的风貌与特色。

图 3-9　太湖风光

二、文化景观要素

1. 地域文化发展

今天的江苏政区，直到清康熙初年才得以基本确立，此前曾多次调整，变化很大；但以府县为基础的几大板块，却一直相对稳定。大致而言，以长江、淮河为界，由南往北，江苏可分成苏南地区、苏中地区、苏北地区三大板块。不同的板块形成了各具特色的地域文化，它们之间既相对独立、差异明显，又互相交流、不断融合，并共同成为江苏地域文化不可或缺的重要组成部分。

江苏的地域文化，经历了漫长的历史衍变。就总体而言，从史前新石器时代开始至六朝之前，江苏地域文化处于奠基时期，其演进的过程，主要是原生的吴越文化、荆楚文化与中原文化不断碰撞、交流与融合，并在此基础上逐步形成新的文化类型和形态。

魏晋南北朝时期，江苏地域文化的历史演进又呈现出新的格局。东汉时代已经逐步走向整合的江苏地域文化，此时因南北的长期分裂而又进入了江南、淮南、淮北分途异向的演变历程。在淮南、淮北的地域文化日趋复杂、丰富与具有活力的同时，江南的地域文化也迎来了第一次高潮，那就是六朝文化的繁荣。以今南京为中心的江南地区，不仅为保留、延续中原汉文化作出了重要贡献，同时也在各个方面取得了伟大的文化成就。

从唐中期开始，江苏文化在经过百余年的沉寂后，开始依凭着经济的不断崛起，重新恢复活力，并由此进入了一个新的发展时期，至南宋而达到了新的高度。明清时期是江苏地域文化发展的第二个高潮。从此，江苏开始成为全国的文化中心之一，江苏在这一时期奠定的优势地位，一直保持到今天。自鸦片战争以来，近代江苏始终是接受西方文化、开风气之先的重要区域之一，在中西文化交流以及中国近代化中占有重要的地位。

2. 地域文化特征

江苏地域文化有一个长期衍变的历史过程，不同时期先后呈现出各自的特征。如先秦时期吴越的尚武文化，到后来已难见踪影。再如六朝时期形成的文化风格，也并没有被后世完全继承。不过，至少到宋元时代，江苏尤其是江南地区的文化特色就已基本形成，并得到广泛的认同。一个自然环境优越、物产资源丰富、开发程度高超、经济发展强势、民众生活富裕、教育科举发达、文化艺术繁荣、社会局势安定，同时生活精细、语言侬软、民众文弱、工于心计等，已成为江南地域有别于其他地域的江南印象，深入人心。

江苏的地域文化，既有它的整体性，同一性，但其内部也存在差异性、特质性，并由此形成几个各具特色的主要文化区域——在江南以南地区，大致形成以苏州为核心的吴文化区和以南京为核心的金陵文化区；在江北以北地区，形成以徐州（彭城）为中心的楚汉文化区和以扬州为中心的淮扬文化区；此外，在长江以北沿海地区，还有一个相对独立的海洋文化区，其范围大致覆盖今南通、盐城、连云港等。五个次文化区域的各自特点，大致可作以下概括：金陵文化区龙盘虎踞、南北贯通、洋溢着浓厚进取精神；吴文化区聪颖灵慧、细腻柔和而又视野开阔、富于创新；淮扬文化区清新优雅而又豪迈俊秀；楚汉文化区气势恢宏、尚武崇文、以英雄主义为主流；海洋文化区活力四射、充满开放意识。

尽管存在着明显的次区域特色，但由于移民等因素的影响，江苏各个区域之间仍然存在着相互的密切联系，共同构成了鲜明的江苏地域文化特征：

第一，浓烈的水乡色彩。江苏的大部分地区多属水乡泽国，在以农立国时代，江苏的开发，与水利密不可分。水利是江苏经济的命脉、社会发展和文化繁荣的物质基础，江苏的地域文化由此而被赋予了浓烈的水乡特色。水网决定着江苏的城乡格局。江苏的城镇乃至乡村聚落，几乎都是傍水而建。水网也是城镇空间布局的灵魂。河道密布，桥梁众多，是江苏多数城镇的景观特色。民居多枕河而筑，前河后街，“小桥、流水、人家”，构成人们对江南城镇景观的基本意象，而舟楫也成为这一地区的标志性符号之一。

第二，高度发达的都市文化。高度发达的城镇体系，为江苏地域文化的发展提供了强大的动力。秦汉以后江苏城镇体系的发展，主要经历了三个阶段。六朝时期是第一阶段，后来成为江南地区中心城市的南京、苏州、扬州，此时皆获得较大的发展。唐宋元为第二个阶段。此时城市性质的转变，以及域内经济的长足进步，不仅使江苏城镇的数量大增，而且其在全国的地位也迅速上升。扬州、苏州等已成为全国举足轻重的大都市，南京也在唐末重新崛起。第三阶段也是最重要的阶段是明清时期。明初南京因定都而一跃成为全国的中心城市。明中期以降，江苏城镇开始了新一轮的勃兴。商品经济的发展有力地推动了城镇的持久发展和长期繁荣，原有的中心城市继续发展，新型工商业市镇大量出现。至此，江苏，尤其是苏南和苏中，已成为全国城市化水平最高的地区之一。近代以来，江苏城市开始近代化转型，其水平也领先全国。

第三，鲜明商业化特色。地域文化的商业化，不仅使各类文化产品成为商品，卷入市场，更重要的是，它使地域文化获得了不断创新和持久繁荣的强大动力。商业对文化发展的推动，还直接体现在商人的文化经营和消费上。如明代中期以后，随着商业的发展，以及社会经济结构的不断演变，商人队伍不断扩大，在社会经济中的作用也越来越重要。作为商品经济发展水平最高的省份之一，江苏不仅涌现出大批具有较高的经济实力和影响力的本地商人，而且还吸引了国内各个地区的商人商帮来江苏经营。这些商人团体，对江苏文化的推动作用是不可低估的。徽州商人与扬州城市生活以及园林、戏曲、饮食、娱乐以及出版等之间的密切关系，就是一个十分突出的例子。

江苏地域文化最大的特色，就是长期繁荣、历久弥新，全面发展、精致优雅。至迟到唐代后期，经过长时间默自积蓄的江苏文化，已经开始摆脱隋初以来的压抑，重新崛起，并在各个领域显示出明显的地域特色。至少从南宋开始，江苏文化已走在全国的前列。这种繁荣和领先，在此后的元明清三代一直得以保持。江苏持久而强大的文化创新能力，是这种局面得以长期维持的前提。至少在明清两代，凡具有全国影响的重大文化创新，几乎都与江苏有或多或少的关系。江苏是名副其实的文化创新重镇。也正是这种不断的创新，江苏文化才得以保持鲜活的个性和旺盛的生命力。

3. 代表性文化景观

江苏的代表性文化景观，体现在以太湖为代表的苏派水乡文化。

江苏是全国唯一拥有大江大河大湖大海的省份，水域面积占16.9%，具有十分鲜明的水乡文化特色。“小桥、流水、人家”构成人们对江南城镇景观的基本意象。这里的建筑风格、城市布局乃至人们的生活方式都与水乡的自然生态和谐统一，娱乐与休闲活动也都将水乡情趣发挥到极致。

水乡城镇空间布局的一个特点是河道密布、桥梁多、船多。水乡城镇的民居多倚河而筑，粉墙黛瓦，属苏派建筑风格。江苏境内建筑远溯至新石器时代的巢居，逐渐发展为木构架建筑中的穿斗结构。江苏境内有春秋王都、六朝古都和历史文化名城，古墓、古塔、古园林、“苏派”建筑流派享誉海内外。历史上江苏名园迭出，以私家园林为大宗，元明清时期发展到巅峰，有“江南园林甲天下，苏州园林甲江南”之谚。

（1）“苏派”建筑

江苏境内建筑类型齐全，单体建筑类型众多，诸如厅堂、轩馆、斋台、榭舫、廊桥、亭台、佛塔，“堂以宴、亭以憩，阁以眺、廊以吟”，各具功能。每种类型中又有多种结构、形式和造型。如按照厅堂的位置和使用功能的不同，分为门厅、轿厅、大厅、女厅、花厅、荷花厅等；按照梁架结构形式，又可分为扁作厅、圆堂、鸳鸯厅、花篮厅、船厅及卷篷、满轩、贡式等。按照廊建造的位置有沿墙走廊、空廊、回廊、楼廊、爬山楼、水廊等。形制因地制宜、不拘法式。

屋顶形式也灵活多样，有庑殿式屋顶、歇山、硬山、攒尖等；屋脊有龙门脊、垂带脊、戗脊、干宕脊、黄瓜环脊、哺鸡脊、纹头脊、雌毛脊等。厅堂内的天花根据室内不同部位，用椽子做成高低、形式不同的轩，有茶壶挡轩、弓形轩、一支香轩、船篷轩、菱角轩、鹤胫轩等，使室内空间显得主次分明、形式丰富，并能隔热防寒、隔尘。建筑屋顶采用提栈的做法，屋面呈向上反曲优美的曲线，加之屋角起翘较高，更显得舒展飘逸。

建筑由于追求与自然的融合及便于赏景，厅堂、轩馆等前后为长窗、半窗，两侧山墙都开窗，还创造了四面厅的形式，巧妙运用空窗、门洞、漏窗墙等建筑小品，务求内外通透。

建筑色彩以大片白粉墙壁为基调，黑灰色的小青瓦屋顶与灰色水磨砖门框窗框，栗色或纯度低的复色，沉着稳定，显得朴素淡雅。

江苏的主要建筑流派“苏派”，源自苏州香山地区，“不出良将，必出良匠”“江南木工巧匠，皆出于香山”，俗称“苏州香山帮”。“香山帮”工匠擅长复杂精细的中国传统建筑技术，长期的经验积累形成了工细、精巧，独具特色的南方建筑风格，也使得“苏派建筑”在中国古建史上独树一帜。

香山帮历史悠久、工种齐全、技艺精湛、能工巧匠辈出、影响巨大。它滥觞于春秋战国时期，形成于汉晋，发展于唐宋，兴盛于明清，复兴于20世纪后叶的改革开放之后。香山帮工种齐全，是由大木作木匠领衔，集木匠、泥水匠（砖瓦匠）、堆灰匠、漆匠、雕塑匠（木雕、砖雕、石雕）、叠山匠等古典建筑中全部工种于一体的建筑工匠群体。

香山帮薪火相传，能工巧匠辈出。蒯祥（1397 ~ 1481）为香山帮祖师，出身木匠世家，长期的经验积累，练就了精湛的技艺，被明王朝选入京师，当了总管建筑皇宫的"木工首"，后任工部侍郎。堪与明代蒯祥比肩的一代宗师、被誉为"江南耆匠"的姚承祖（1866 ~ 1939）不仅有丰富的建筑经验，而且还善于总结，将其上升为理论。他曾任苏州鲁班协会会长，晚年在苏州工专建筑工程系任教期间，根据家藏秘笈和图册中的建筑做法及本人一生的实践经验，写成了阐述苏州地区传统建筑的讲稿，名之为《营造法原》，被著名建筑学家刘敦桢誉为"南方中国建筑之唯一宝典"，具有科学和艺术的双重价值。

香山帮不仅影响了整个江苏城市的建筑格调，带动了民间建筑的设计、构思、布局、审美以及施工技术，而且是中国古建史上唯一从民间走向宫廷、走向全国、走向世界的建筑流派（图3-10）。

图3-10　香山帮建筑

（2）江苏古典园林

江苏省内数以千计的长江支流和纵横湖荡，河网密集，随时都可以得泉引水；

高山、丘陵、盆地、平原等丰富的地形地貌，群峰挺秀，风景旖旎，为造园的天然蓝本。中国五大淡水湖之一的太湖的洞庭东西两山所产太湖石，姿态秀润；尧峰黄石，嶙峋入画，皆为叠山美石。金山石为天然的优质石材。

江苏省境内大多为典型的亚热带季风气候，年平均降水量为 1100mm。四季分明，沃野平畴，暖温带、亚热带植物种类极为丰富，青林翠竹，四时具备，得天独厚。长江的源头昆仑山滋育出的昆仑神话和沿海的蓬莱仙话，成为“梦幻艺术”的园林的又一蓝本。

江苏自先秦至秦汉皇家苑囿衰败以后，汉魏六朝崛起的私家园林始终成为大宗，宋后逐渐形成细腻、精致的地方文化特色。元明清时期发展到巅峰，形成苏州园林、扬州园林同中有异的私家园林流派。

诞生于东晋的苏州私家园林，在“大吴胜壤”的滋育下，一脉相传，至明代先后有 271 处，清代共有 130 处。据 1986 年复查统计，苏州尚有大小园林和庭院 227 处。苏州园林具有文人化、写意化、多样化、生态化的艺术特色，是士大夫园林的典型代表，从立意、构图到景点的营构都与诗画紧密结合，被称为“地上文章”，是“虽由人作，宛自天开”的立体的画、凝固的诗。

苏州园林以清雅、高逸的文化格调，成为中国古典园林的杰出代表，成为明清时期皇家园林及王侯贵戚园林效法的艺术范本。1997 年、2000 年，苏州拙政园、留园、网师园、环秀山庄、沧浪亭、狮子林、艺圃、耦园和退思园等九个园林被列入了《世界遗产名录》，成为全人类的宝贵财富（图 3-11）。

图 3-11　苏州古典园林中的世界遗产（一）

图 3-11　苏州古典园林中的世界遗产（二）

扬州园林虽然同属于江南园林范畴，但由于人文地理的不同，具有鲜明的独特风格。扬州园林主人多富商，以徽商居多，其他有江西、两湖和粤商，有的还捐得空头官衔。因此，扬州园林具皖南或江西、两湖富商的审美趣味和建筑风格。

扬州园林既具北方甚至是皇家园林的宏敞雄丽的特色，又有大量江南园林纤巧雅致的建筑小品，更鉴于商人的足迹欧亚，性好猎奇炫富，故较早吸纳西洋建筑文化元素点缀园林，所以，扬州园林自成北雄南秀、兼融洋味的风格（图 3-12）。

（a）个园

图 3-12　扬州古典园林（一）

（b）何园

图 3-12　扬州古典园林（二）

除了苏州与扬州之外，六朝古都南京历史上华林园、玄武湖、芳乐苑等皇家园林，随园、瞻园、煦园等私家园林，以及寺庙道观园林前映后辉；无锡的寄畅园、泰州的乔园、如皋的水绘园等也各擅其胜（图 3-13~ 图 3-15）。

图 3-13　南京瞻园

图 3-14　无锡寄畅园

图 3-15　如皋水绘园

纵观江苏园林艺术史，江苏古典园林规模由大到小，从大自然粗犷气到对自然景观提炼、概括、典型化，最后成为小中见大的咫尺山林。创作方法上，从对自然风景的写实、再现，到写实加写意，再到诗化、画化的纯粹写意。清中叶后，建筑围合，划分山水，妙造自然的主旨有所削弱，园林更趋向人工化，但更精雅。

第三节　浙江特色园林景观设计要素

浙江省地处中国东南沿海长江三角洲南翼，介于东经 118° 01′ ~ 123° 10′ ，北纬 27° 02′ ~ 31° 11′ 之间，东临东海，南接福建，西与江西、安徽相连，北与上海、江苏接壤。境内最大的河流钱塘江，因江流曲折，称之江，又称浙江，省

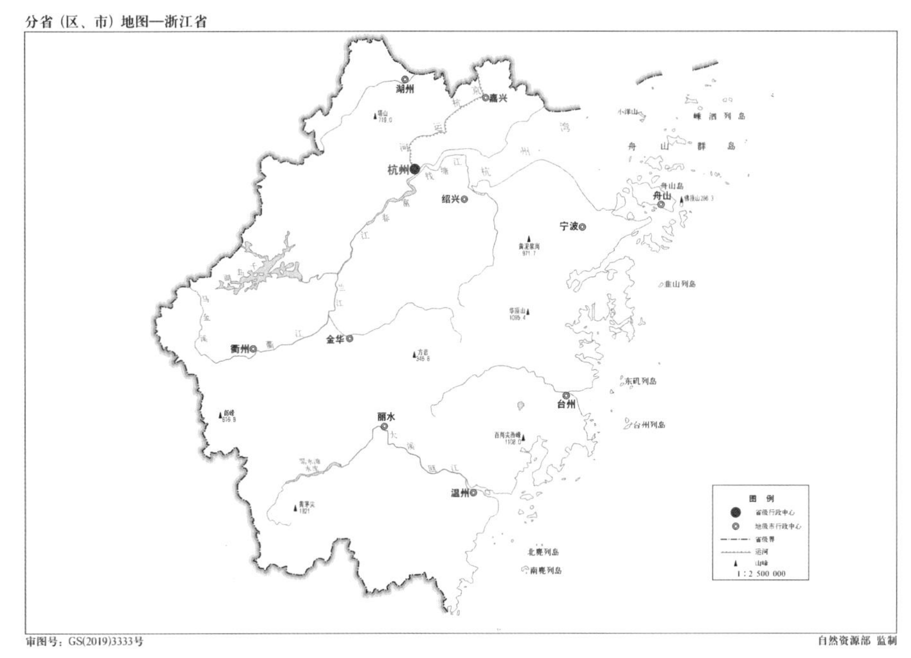

图 3-16　浙江省政区图

以江名，简称“浙”。浙江是中国古代文明的发祥地之一。浙江春秋时分属吴、越两国；南宋建都临安（即今杭州），分置两浙西路和两浙东路；明初置浙江行中书省，简称浙江省，省名自此出现，后改为浙江承宣布政使司，省界区域基本定型；清康熙初年改为浙江省，沿袭至今。浙江陆域面积 10.55 万 km^2，占全国陆域面积的 1.1%。截至 2020 年底，浙江设杭州、宁波 2 个副省级城市，9 个地级市，37 个市辖区、20 个县级市、33 个县（其中一个自治县），619 个镇、259 个乡、482 个街道（图 3-16）。

一、自然景观要素

1. 地形地貌

浙江地势由西南向东北倾斜，地形复杂。山脉自西南向东北成大致平行的三支。西北支从浙赣交界的怀玉山伸展成天目山、千里岗山等；中支从浙闽交界的仙霞岭延伸成四明山、会稽山、天台山，入海成舟山群岛；东南支从浙闽交界的洞宫山延伸成大洋山、括苍山、雁荡山。龙泉市境内海拔 1929m 的黄茅尖为浙江最高峰。地形大致可分为浙北平原、浙西中山丘陵、浙东丘陵、中部金衢盆地、浙南山地、东南沿海平原及海滨岛屿 6 个地形区。全省陆域面积中，山地占 74.63%，水面占 5.05%，平坦地占 20.32%，故有“七山一水两分田”之说。

2. 河流水系

浙江省水系主要有钱塘江、瓯江、灵江、苕溪、甬江、飞云江、鳌江、曹娥江八大水系和京杭大运河浙江段。钱塘江是浙江省内第一大江，有南、北两源，北源从源头至河口入海处全长 668km，其中在浙江省境内 425km；南源从源头至河口入海处全长 612km，均在浙江省境内。湖泊主要有杭州西湖、绍兴东湖、嘉兴南湖、宁波东钱湖四大名湖，以及新安江水电站建成后形成的全省最大人工湖泊千岛湖等。浙江海域面积 26 万 km^2，面积大于 500m^2 的海岛有 2878 个，大于 10km^2 的海岛有 26 个，是全国岛屿最多的省份，其中面积 502.65km^2 的舟山岛为中国第四大岛。

钱塘江，古称浙，全名“浙江”，又名“折江”“之江”“罗刹江”，一般浙江富阳段称为富春江，浙江下游杭州段称为钱塘江。钱塘江最早见名于《山海经》，因流经古钱塘县（今杭州）而得名，是吴越文化的主要发源地之一。钱塘江是浙江省最大河流，是宋代两浙路的命名来源，也是明初浙江省成立时的省名来源。自源头起，流经安徽省南部和浙江省，流域面积 55058km^2，经杭州湾注入东海。钱塘江潮被誉为“天下第一潮”，是世界一大自然奇观，它是天体引力和地球自转的离心作用，加上杭州湾喇叭口的特殊地形所造成的特大涌潮（图 3-17）。

图 3-17　钱塘江与钱江潮

千岛湖，即新安江水库，位于浙江省杭州市淳安县境内，小部分连接杭州市建德市西北，是为建新安江水电站拦蓄新安江上游而成的人工湖，1955 年始建，1960 年建成。千岛湖与加拿大渥太华金斯顿千岛湖、湖北黄石阳新仙岛湖并称为“世界三大千岛湖”。千岛湖水在中国大江大湖中位居优质水之首，为国家一级水体，被誉为“天下第一秀水”（图 3-18）。新安江水库坝高 105m，长 462m；水库长约 150km，最宽处达 10 余 km；最深处达 100 余 m，平均水深 30.44m，在正常水位情况下，面积约 $580km^2$，蓄水量可达 178 亿 m^3，在最高水位时拥有 1078 座大于 $0.25km^2$ 的陆桥岛屿，并以 $2km^2$ 以下的小岛为主，岛屿面积共 $409km^2$。2010 年 4 月 18 日，国家旅游局授予千岛湖风景区为国家 5A 级旅游景区殊荣。

图 3–18 千岛湖

3. 代表性自然景观

西湖是浙江的代表性自然景观。西湖以秀丽的湖光山色和众多的名胜古迹而闻名中外，是中国著名的旅游胜地，也被誉为“人间天堂”。西湖的美不仅在湖，而且在于山，西湖山水呈现出中国山水画的典型审美特性——朦胧、含蓄与诗意，并在中国“天人合一”“寄情山水”的山水美学文化传统背景下，拥有了突出的“精神栖居”功能。

二、文化景观要素

1. 地域文化发展

浙江素有“鱼米之乡、丝茶之府、文物之邦、人文渊薮”的盛誉。浙江是古代东夷族、古越族繁衍生息、兴邦立业的土地，现在则是 6500 余万浙江人生产生活、创业发展的物质基地与精神家园。浙江历史悠久，环境宜居，物阜民丰，人文荟萃。浙江文化既蕴涵了中华文化的共性，也承载着地域文化的个性。

浙江有光辉灿烂的文明历史和悠久的文化传统。考古发掘的材料已经确证：100万年前浙江境内已出现人类活动，已发现新石器时代遗址百余处，最著名的有距今4000～5000年的良渚文化、距今5000～7000年的河姆渡文化、距今6000多年的马家浜文化、距今7000～8000年的跨湖桥文化、距今1万年的上山文化，近来在良渚遗址又发现了5000年前中国最大古城。

然而标志浙江先民进入文明社会的有力证据，则是由《国语·越语》《越绝书》《吴越春秋》等古籍记载的古越国的历史与文化，以及从地下发掘的反映古越文化的大量实物证据。人们之所以把“浙江文化”称为“越文化”或“吴越文化”，是因为浙江的历史是与古越族、越国、吴国及吴越国的历史与文化传统密不可分、休戚与共的。

汉唐之间，中国的政治经济中心在北方“中原”地区，文化上也以秦晋、齐鲁文化为主导。但浙江地区与中原文化关系密切，并涌现了像东汉王充（27～97，浙东上虞人）这样纵观大局、具有恢宏气度与深刻思想的通儒，以及魏晋六朝世代传承的余姚虞氏这样的经学名家，也产生了以记载与总结地方历史文化为己任的袁康、吴平、赵晔这样的史学名家。这个时期，也是浙江文化从发祥到成型的时期。

魏晋南北朝时期，中国经历了从社会动荡、民族交战走向国家重新统一、民族融合共处、文化交融重建的历史时期。这个时期的玄学、道教、佛教与西域文化构成对儒家文化的严重挑战，形成了“三教”既互相批判排斥又互动互补的多元文化互动交融的局面。浙江地域文化以晋室南迁、“衣冠南渡”为契机，出现了一个多元文化互动交融而获得长足发展并形成显著特征的时期。

隋、唐、五代时期的浙江文化，最大亮点是在佛、道二教的文化创新。隋唐以后，随着中国政治经济重心的逐步南移，浙江地区日益显示出文化重镇的地位。由钱镠创建的吴越国，成了五代十国中立国时间最长、经济最发达、文化最兴盛的地区，并且是当时全国佛教传播的中心。

进入宋代，尤其是南宋建都临安以后直到近代，两浙地区更成为全国经济、文化的中心，被誉为“人文渊薮”“文献名邦”。如果说，先秦至汉唐时期是浙江文化的起源与发展期的话，那么可以说，宋元明清时期是浙江文化的繁荣鼎盛时期。繁荣鼎盛的标志首先是儒学复兴，“浙学”崛起，此外，还表现在科技、文学、戏曲、绘画、书法、史学等诸多方面。

清代中叶，浙江文化由于受到清廷文化高压政策与文字狱案的压制打击，一度处在沉寂低迷状态。尤其是思想的创新与社会的批判，几乎乏善可陈。唯一可以庆幸的是民间知识分子良知未泯，浙学的精神未绝。而在清代中叶以后，清政府受到内忧外患的冲击，控制力削弱，浙江文化也随着整体趋势的改变而酝酿着转型与变革。其标志就是龚自珍的疾呼改革、黄宗羲民主启蒙思想的勃兴、西学新思潮的传播以及章太炎、王国维的学术成就。

2. 地域文化特征

一方水土养一方人。浙江文化不仅有着悠久的传统，深厚的底蕴，而且具有鲜明的地域特征和时代精神。

就文化的生成结构与生成状态而论，区域文化的特色主要是文化生态环境的差异，影响区域文化特色的最大因素则是自然地理环境与社会历史发展。就浙江文化的自然地理环境而论，浙江文化的鲜明特色是多元而包容（表 3-1）。

表 3-1　多元包容的浙江地域文化

文化区	地形区	地区	特色文化
吴越	浙北平原	杭州	宋韵文化
		嘉兴	吴越文化
		湖州	吴越文化
古越	浙北平原、浙东丘陵	绍兴	越文化
		宁波	浙东文化
	海滨岛屿	舟山	海洋文化
婺越	中部金衢盆地	金华	婺文化
		衢州	南孔文化
瓯越	浙东丘陵、东南沿海平原	台州	和合文化
	浙南山地、东南沿海平原	温州	瓯越文化
	浙南山地	丽水	绿谷文化

以地理文化加以划分。浙江靠山临海，有以杭嘉湖和宁绍平原为主体的水乡文化、以金衢丽盆地为主体的山地丘陵文化，以及以甬台温舟为主体的海洋文化。这三种文化形态相互交融，共同构成了浙江兼具内陆文化与海洋文化的特色，从而使浙江文化呈现出极大的丰富性与多样性特征。

以地域文化加以划分。浙江又有以杭嘉湖平原为主体的吴文化、以宁绍平原为主体的越文化、以金衢盆地为主体的婺文化，以及以温丽两地为主体的瓯越文化。

在浙江多元化的地域文化中，呈现更多的还是文化的包容性特征。首先是移民文化与外来文化的包容；其次是精英文化与大众文化包容，表现出雅与俗的共赏、共存与共融的特点。

就浙江文化的社会历史发展而论，浙江文化的鲜明特色是个性化。

综观浙江文化千百年来走过的道路，我们不难发现，浙江特有的自然地理环境、历史发展路径、生产生活方式、多次人口迁移和文化交融激荡等，造就了浙江文化独特的风格和底蕴，使得浙江文化具有了以下鲜明的个性特征：

一是自主自强的创新精神。先天不足的资源条件，造就了具有创业精神的浙江人，培育了浙江人自主、自强、自立的生活态度，自我发展的创业意识、开拓创新的个性精神、富于创造的意志品格。浙江在发掘自身内在优势，探究经济社会发展活力源泉的过程中，提炼出并大力弘扬“浙江精神”，自觉发挥它的经济创造力、社会凝聚力和文化竞争力。浙江民众以创业为荣的精神风气，使浙江人“一遇雨露就发芽，一有阳光就灿烂”，创造了“温州模式”“义乌奇迹”等，自主创新、敢为天下先的思维品格，构成了浙江人在经济改革中致力于制度创新，实现体制外增长的精神动力，形成了浙江文化中自主自强的创新精神。

二是坚毅刚强的拼搏精神。自然资源匮乏的生存环境塑造出了浙江人既有山里人吃苦耐劳、顽强拼搏的硬气和韧劲，又有滨海人勇于开拓、富于冒险的气魄和胆略。浙江精神，不仅激发了浙江人民敢为人先、创新创业的智慧和勇气，而且陶冶了浙江人民特别能吃苦、特别能忍耐的品性。这种坚毅刚强的拼搏精神反映到人的生存性格上，面对外部的压力和挑战，浙江人既不消极沉沦，听从命运的摆布，也很少表现出燕赵之士那种慷慨激昂的刚烈之气，而是“柔而不屈，强而不刚”，充分发挥自己敏于机变和富有韧性的特长，去克服困难，实现自己既定的最终目标。尤其是在现当代，浙江企业家为了创业，求得市场经济发展的一席之地，他们想尽千方百计，走过千山万水，说遍千言万语，历经千难万险，在创业的过程中，严酷的竞争环境迫使他们艰苦奋斗，锐意进取，不怨天尤人，不灰心丧气。浙江人民正是靠着这种坚韧不拔的精神，艰苦创业，形成了浙江文化中坚毅刚强的拼搏精神。

三是求真务实的“事功”精神。“义利并重”的价值观念，孕育了浙江人的务实性格。功利主义和自然人性观构成了浙江文化的人生观基础，浙江人讲究实际、注重功利的价值取向，构成了浙江人致力于经济发展的内在动力。注重实效、实事求是的“事功”精神一直是浙江学术思想的传统。而务实的实践，更使浙江人养成了“鄙薄空谈，崇尚实干；轻视说教，追逐实利”的行为取向和价值追求。义利合一，这是务实的根本落脚点。正是基于这一价值判断，浙江人民以善于生产经营著称，在明末清初，最早出现资本主义萌芽；近代以后，宁波帮在上海崛起；改革开放以来，更成为市场大省。长期以来，浙江民众在“事功”精神的熏陶教育下，形成了“干在实处、关注细节”的精明、务实意识，更生成了浙江文化中注重诚信的优良品德。

四是“工商皆本”的重商精神。自古以来，浙江人强烈的创业精神与求富愿望，孕育了浙江人的经商意识，形成了浙江人精明的商业头脑。重利事功、货殖为重的商贸文化传统，使历代浙江人乐于经商，善于经商。而注重商业性的“工商皆本”思想，更使浙江的文化带有浓厚的商业气息，塑造出了浙江民众乐于经营谋利，且善于捕捉商机的生存个性。这种善于经营、富于机变的文化性格，赋予浙江人在适应市场机制中胜人一筹的素质和优势。

五是厚德崇文的人文精神。“百工之乡”的产业传统，哺育了具有聪明才智的浙江人。底蕴深厚的文化积淀，造就了浙江人“崇尚柔慧，厚于滋味”的人文情怀。浙江自古重教兴学蔚然成风，有着尚学的理性精神。尊师重教、喜文好学，是浙江文化的重要传统。而浙江之所以是文化之邦，最根本的表现在于：自古以来，浙江逐渐成为全国的人文渊薮，思想家、学者众多，人才辈出。这是浙江社会发展的产物，又推动着浙江社会以及全国的社会发展。浙江人厚德崇文的人文精神，造就了浙江文人婉约、活泼而又不失豪放、敦厚的风格；浙江人柔慧灵活、刚柔相济的处世方式，造就了浙江人善于商谋、智巧灵变的文化品格，造就了浙江商人强烈的"民本"思想和"富民"意识；而浙江人深刻的忧患意识、大众情怀，更造就了浙江众多志士仁人为民族的复兴呐喊，表现出了鲜明的革新思想和反传统精神。因而"求真务实、诚信和谐、开放图强"的"浙江精神"同样也是浙江文化重要的生命能量。

浙江文化鲜明的个性特征，除以上五个方面外，浙江经济对文化的促进作用，也是浙江文化发展的重要因素。尤其是改革开放以来浙江社会经济的快速发展与繁荣，为浙江文化的发展和繁荣提供了强大的支撑。社会的进步、财富的增加、人民群众不断增长的精神文化需求，极大地推动了浙江的文化建设。

3. 代表性文化景观

浙江的代表性文化景观，体现在以西湖为代表的浙派山水文化。

浙江濒临东海，山有普陀、天台、雁荡、东西天目之奇秀；水有钱塘潮之壮观，西子湖之明媚，富春、苕溪之幽胜，以及让人流连忘返的兰亭曲水、鉴湖、南湖、永嘉诸山水，在在莫非诗境画境，处处洋溢诗情画意。

早在六朝时期，人们把对自然山水的欣赏看作是实现人身自由和超越的玄学的倡行，浙江得天独厚的自然山水为文人士大夫所向往和留恋，并对山水文学创作产生了深远的影响，涌现出以王羲之、沈约、孔稚、丘迟、吴均等为代表的山水散文家，以及以谢灵运为代表的山水诗人。谢灵运（385 ~ 433）被后世誉为山水诗派鼻祖，他的山水诗最突出的特点是鲜丽清新，成功地把秀奇的浙江山水反映在诗篇中，尤其生动细致地描绘了永嘉、会稽等地的自然美景。

（1）世界文化景观遗产——杭州西湖

"杭州西湖文化景观"（以下简称"西湖景观"）位于浙江省杭州市的城市中心区以西地带，分布范围 3323hm^2。西湖湖体轮廓近似椭圆形，南北长 3.3km，东西宽 2.8km，湖岸周长 15km，水面面积 6.5km^2。西湖景观以秀丽的湖光山色、悠久的发展历史、深厚的文化内涵，以及丰富的文化史迹闻名世界，是中国历史上最具有杰出精神栖居功能的"文化名湖"，也是享誉中外的"人间天堂"。

"西湖景观"肇始于唐宋时期、成型于南宋、兴盛于清代，并传承发展至今。2011 年 6 月，在法国巴黎召开的第 35 届世界遗产大会上，充满"诗情画意"的西湖文化景观作为中国唯一的提名项目获得大会全票通过，成功登录《世界遗产名录》，成为中国第 41 处世界遗产。

作为价值独特的文化景观，"西湖景观"的价值载体主要体现在 6 个不同的方面：秀美的西湖自然山水，历史悠久的"三面云山一面城"的城湖空间特征，独特的“两堤三岛”及其构成的景观整体格局，最具创造性和典范性的系列题名景观——“西湖十景”，承载了中国儒释道主流文化的各类文化史迹，以及具备历史与文化双重价值的西湖特色植物——“四季花卉”“桃柳相间”和“龙井茶园”。这些不同的承载方面共同支撑了“西湖景观”的整体价值，同时也呈现出类型与属性的差异，成为“西湖景观”的6类基本组成要素。

最值得称道的是，西湖不仅是一个湖泊，而且是一个山水复合体。西湖独特的可贵之处在于：它不是单个景点的简单叠加和连缀，而是一个完整的、独特的视觉审美体系，在这一体系内，无论是作为自然形态的山水、林木，还是作为人类活动成果的建筑物和构筑物，它们的地位、作用和价值都是一样的，就像一幅优美的山水画上的山、水、林木、建筑、景物之间的关系一样，都是一个艺术品范畴内的谋篇布局。景点与景点之间、景观与景观之间的联系是有机的、紧密的、呼应的。具体来说是以“两堤三岛”为骨架的水景水体，环湖一圈是面积多达数百公顷的敞开式公园和绿地，著名的系列题名景观“西湖十景”大都分布在这两个系统内。环湖外是沿着区内各山体山垄通往各个景点景区的道路网，在交通线两侧的平地或山坡上，顺势散布着唐、宋、元、明、清历朝历代直至现代的优秀文化遗存、遗迹和遗物，这是西湖最有影响力的地方。最外面则是“三面云山一面城”为特色的整体的宏大空间背景。丰富的景观层次和相互间的有机联系形成一种不间断的、反复皴染的视觉空间，构成一个庞大的系统。西湖实质上是以西湖十景为代表的山水实体和以审美意境为核心，以建筑文化、宗教文化和茶文化等为基本架构的复合性文化景观（图3-19）。

图3-19 杭州西湖文化景观（一）

图 3-19　杭州西湖文化景观（二）

（2）浙江山水文化与“两山理念”

浙江“七山一水二分田”的地貌特征孕育了璀璨的山水文化，自然风光与人文景观交相辉映。以杭州西湖为中心，纵横交错的风景名胜遍布全省，有 22 个国家级风景名胜区、4 个国家级旅游度假区、10 个国家级自然保护区、30 个国家园林城市、11 个国家级湿地公园、39 个国家森林公园、5 个国家级城市湿地公园。杭州西湖文化景观、良渚古城遗址、京杭大运河浙江段和浙东运河入选世界文化遗产，江郎山入选世界自然遗产。全省有重要地貌景观 800 多处、水域景观 200 多处、生物景观 100 多处、人文景观 100 多处，还有可供旅游开发的主要海岛景区（点）450 余处。

浙江卓越的山水文化资源演绎出重要的执政理念。浙江是“两山理念”的诞生地。“两山”理念即“绿水青山就是金山银山”，良好生态环境既是自然财富，也是经济财富，关系经济社会发展潜力和后劲。我们要加快形成绿色发展方式，促进经济发展和环境保护双赢，构建经济与环境协同共进的地球家园。”

如今，“两山”理念已经成为全党全国全社会的共识和行动。在这一重要理念引领下，我国生态文明建设不断迈出坚实步伐，绿色发展成就举世瞩目！

图 3-20　“两山”理念诞生地——安吉余村

第四节　安徽特色园林景观设计要素

安徽位于东经 114° 54′ ~ 119° 37′ 与北纬 29° 41′ ~ 34° 38′ 之间，居中靠东，沿江通海，是长三角经济区的重要组成部分。它历史悠久，人文荟萃，山川秀美，区位优越，地理地貌融合中国南北差异，是美丽中国的缩影。安徽建省于清朝康熙六年（1667），省名取当时安庆、徽州两府首字合成，因境内有皖山、春秋时期有古皖国而简称“皖”。安徽省总面积 14.01 万 km^2，约占中国国土面积的 1.45%。截至 2020 年底，安徽共有 16 个地级市，9 个县级市、50 个县、45 个市辖区（图 3-21）。

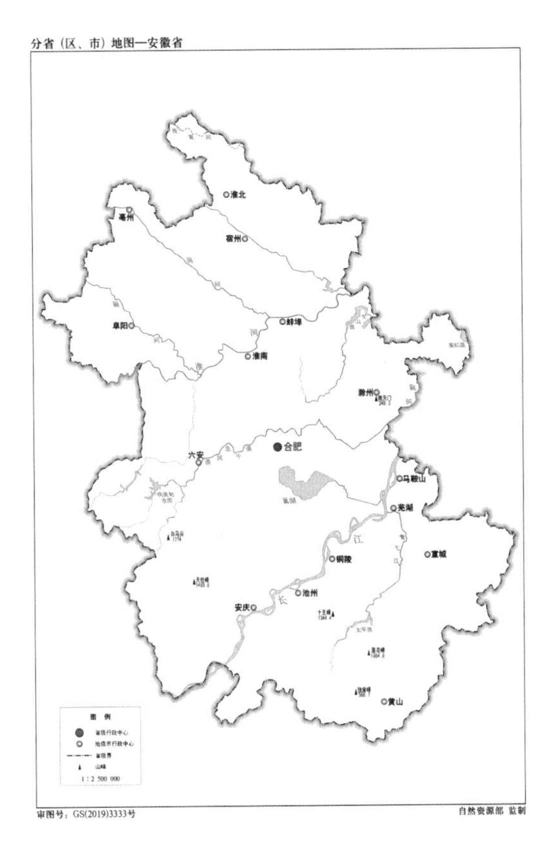

图 3-21　安徽省地图

一、自然景观要素

1. 地形地貌

安徽省地形地貌呈现多样性，中国两条重要的河流——长江和淮河自西向东横贯全境，把全省分为三个自然区域：①淮河以北是一望无际的大平原，土地平坦肥沃；②长江、淮河之间丘陵起伏，河湖纵横；③长江以南的皖南地区山峦起伏，以黄山、九华山为代表的山岳风光秀甲天下。安徽主要山脉有大别山、黄山、九华山、天柱山，最高山峰为黄山莲花峰，海拔1864m。

2. 河流水系

长江流经安徽中南部，境内全长416km；淮河流经安徽北部，境内全长430km；新安江为钱塘江正源，境内干流长240km。长江水系湖泊众多，较大的有巢湖、龙感湖、南漪湖。

巢湖位于皖中，地属合肥，连淮通江，东西长55km，南北宽22km，常年水域面积约760km^2，是我国五大淡水湖之一，宛如一面宝镜镶嵌在江淮大地，有"八百里湖天"之称，为巢湖国家风景名胜区主体区域。巢湖风景名胜区是长三角世界级城市群重要的区域生态基础，以巢湖辽阔水域风光为背景，以较为原生态的湖岸环境为基础，以湖岛、山林、湾咀为自然景观特征，以巢文化和典型的圩田风光为资源要素，融风景游赏、环境保持、运动体验、科普研究、休闲康养、旅游度假等功能为一体的综合性特大型国家公园（图3-22）。

图3-22 巢湖风光

3. 代表性自然景观

黄山是安徽的代表性自然景观。黄山原名黟山，因岩石呈青黑色，远远望去满山皆黑而得名。传说华夏始祖轩辕黄帝曾在山上采药炼丹，得道成仙。唐玄宗信奉道教，在天宝六年（公元 747 年）下诏将“黟山”改为“黄山”，一直沿用至今。黄山上的轩辕峰、炼丹峰、容成峰、浮丘峰、丹井、洗药溪、晒药台等景点的名称都与黄帝有关。

二、文化景观要素

1. 地域文化发展

安徽全境处于温热带与亚热带过渡地区，温暖湿润，四季分明，地貌类型齐全，土壤类型繁多，物产丰富，又山川秀美，风光旖旎，适合人类生存发展。

特定的地理区位与特定的地理因素给安徽文化的发生发展提供了特定的滋养。淮河、长江、新安江分别流经安徽省的北部、中部和南部，而淮河、长江则将全省分为淮北、江淮、江南三大自然区。这三大地域，在各自的地形地貌、民风民俗、经济水平、发展状况和居民观念形态等方面，均存在着明显的差异，并在漫长的历史进程中逐步演化，形成涡淮文化、皖江文化、新安文化（或叫徽州文化）三大文化圈，也可以称之为三大文化板块。它们都是安徽文化的有机组成部分，是安徽文化总体下的亚文化形态。

安徽省是中华文明的重要发祥地之一。在繁昌县人字洞发现的距今约 250 万年的人类活动遗址，在和县龙潭洞发掘的三四十万年前旧石器时代的“和县猿人”遗址，表明远古时期我们的祖先就在安徽这块土地上生息繁衍。新石器时代（1 万年到 4000 年以前），安徽是著名的仰韶文化、龙山文化、青莲岗文化和印纹釉陶文化影响的区域。

春秋战国时期是安徽长江以北地区全面融入华夏文明的时期，也是安徽地域文化发展的第一个高峰期。支撑这一文化高峰的文化要素主要是学术思想，尤其是管子的道家思想。一直到秦汉时代，淮河流域都是引人注目的地区。

魏晋南北朝时期，中国虽然处于长期战乱之中，但学术、文学、艺术等领域却在战争与和平的夹缝里异常活跃。这个时期，也是安徽文化在多领域异果纷呈、名花并茂的时期。

隋唐五代时期，是安徽的文化重心由淮河流域向皖江两岸转移的时期。此时，文学和宗教是长江流域文化崛起的两大要素。

两宋时代，是中国文化发展到精致与成熟的时代，也是皖风徽韵渐趋成型的时期。这个时期，在学术、宗教、史学、文学、绘画、印刷、教育等领域都进入发展的黄金期。

明代中叶到清中叶，特别是明清之际到清代中期，是安徽各个文化领域全面发展的时期。晚清时期，是中国面临着西方列强不断入侵的时期，也是以安徽人李鸿章为代表的国人对传统文化不断反思的时期。这些探索和实践意味着中国开始了向近代化的艰难前行。

2. 地域文化特征

安徽文化作为地域文化，它的特征是：

第一，三大亚文化区域之间差异和趋同共存。

安徽文化实际上包括三个亚文化区域：处于淮河流域的涡淮文化、处于长江流域的皖江文化和处于新安江流域的徽州文化。它们是差异很明显的三个区域文化。它们无论是在饮食、民居、民风民俗方面，还是在方言、地方戏曲和信仰方面，都很不相同。三个区域文化的差异，在学术文化领域也同样明显。如在涡淮文化中，主导的是道家思想，而在徽州文化、皖江文化中，则是儒家文化占主导地位。

三个区域的文化虽然具有差异性，但也有趋同性。这种趋同，可能来自各个文化区域之间的交融，也可能来自上位文化——华夏文化的影响。

第二，在发展中呈现文化重心由北向南的迁移。

在安徽文化的发展过程中，由于亚文化区域发展的不平衡，也使文化重心不稳定，形成了文化重心自北向南迁移的趋势。

从春秋时代到魏晋时期，安徽的文化重心首先出现在涡淮流域，道家思想成为涡淮流域文化的突出代表。隋唐时代，没有受到战乱太多冲击的皖江地区，又成为安徽的文化重心。大江南北悠扬的梵音和沿江地区诗人的吟哦，成为这一时期皖江文化的主要特点。从南宋一直到清代中叶，徽州地区的文化中心地位都得以保持。这一时期，新安理学、皖派朴学的兴起和教育、天文历算、医学、绘画、建筑、雕刻等空前繁荣，这些文化要素的组合形成了极具特色的徽州文化，或曰新安文化。

第三，“通变”成为安徽文化长期延续的重要内在因素。

“通变”是融汇和发展、继承和创新的统一。在安徽学术文化的发展中，就自觉或不自觉地体现了“通变”精神。

“通变”精神在涡淮文化、徽州文化和皖江文化中都有所表现。在安徽文化中所贯穿的“通变”精神表明：它既具有汇聚百川加以融通的襟怀，也具有自我修补、自我完善、自我发展的机能。正因为如此，涡淮流域的道家文化、徽州地区的新安文化、皖江地区的桐城文派才得以长期延续。

第四，讲经世致用、求“天下和洽”的学术取向。

文化的核心层面和灵魂，是它的学术思想。安徽学术思想的一个重要特点，是讲求经世致用、向往“天下和洽”。它像主旋律一样贯穿在安徽的学术文化之中。

讲求经世致用、救时之弊，把“治国平天下”作为治学的目标，是中国学术文化的重要传统，也是中国传统知识分子以“以天下为己任”的情怀之重要表现。安徽地区在历史上灾害频仍，战乱不断，社会动荡，人民常常陷于艰难竭蹶之中，对此，历代有责任感的士人往往把修身齐家治国平天下作为人生目标，关注社会现实，心怀治国理想，企望建立一个和谐安定的社会，从而使经世致用的治学原则在历代士人中世代延续，成为一种文化传统。

第五，超越地域的文化现象广泛存在。

从安徽文化的发展历程中可以看到，很多文化现象虽然孕育于安徽，但却传播于全国，成为中华文化的成分或元素。例如，管子的道家学说、以嵇康为代表的竹林玄学、皖派朴学、桐城文派、徽商、新安画派、徽班进京等。

这些孕育于安徽的文化要素和文化现象，超越安徽地域，进入了中华文化这个大系统，表明安徽并不是孤立的文化区域，安徽文化并不是孤立的文化。安徽文化应该是具有较强辐射和影响力的中国地域文化之一。

3. 代表性文化景观

安徽的代表性文化景观，体现在以黄山为代表的生态文化。

明代大旅行家、地理学家徐霞客见黄山之胜状，叹为“生平奇览”。人问：“游历四海山川，何处最奇？”徐答曰：“薄海内外无如徽之黄山，登黄山天下无山，观止矣！”后人据此概括为“五岳归来不看山，黄山归来不看岳”。数百年后，1990 年联合国教科文组织宣布黄山为世界文化和自然双遗产，确证了徐霞客的赞叹。

其实，整个徽州无山不美，无水不秀，正因为生态环境极其良好，自古以来就是人们的宜居之地，其生态文化也一直为人们所热情称道。

（1）世界自然文化遗产——黄山

黄山雄踞于安徽南部黄山市境内，山境南北长约 40km，东西宽约 30km，总面积约 1200km^2。其中，黄山风景区面积 160.6km^2，地跨东经 118°01′~118°17′，北纬 30°01′~30°18′，东起黄狮，西至小岭脚，北始二龙桥，南达汤口镇，分为温泉、云谷、玉屏、北海、松谷、钓桥、浮溪、洋湖、福固九个管理区。缓冲区面积 490.9km^2，以与景区相邻的五镇一场（黄山区汤口镇、谭家桥镇、三口镇、耿城镇、焦村镇和洋湖林场）的行政边界为界。

黄山是世界文化与自然遗产、世界地质公园、世界生物圈保护区，是国家级风景名胜区、全国文明风景旅游区、国家 5A 级旅游景区，与长江、长城、黄河同为中华壮丽山河和灿烂文化的杰出代表，被世人誉为“人间仙境”“天下第一奇山”，素以奇松、怪石、云海、温泉、冬雪“五绝”著称于世。境内群峰竞秀，怪石林立，有千米以上高峰 88 座，“莲花”“光明顶”“天都”三大主峰，海拔均逾 1800m。黄山集八亿年地质史于一身，融峰林地貌、冰川遗迹于一体，兼有花岗岩造型石、花岗岩洞室、泉潭溪瀑等丰富而典型的地质景观。前山岩体节理稀疏，多球状风化，山体浑厚壮观；后山岩体节理稠密，多柱状风化，山体峻峭，形成了“前山雄伟、后山秀丽”的地貌特征（图 3-23）。

黄山不仅自然景观奇特，而且文化底蕴深厚。自唐以来，人们游览黄山，建设黄山，歌咏黄山，留下了丰富的文化遗产，包括宗教文化、古代建筑、摩崖石刻、名人游踪和大量以诗、词、歌、赋、画为主要内容的文学艺术作品。

图 3-23　黄山景观

（2）徽州生态文化

历史上黄山和徽州的山林保护是颇可称道的。徽州的山林一般分私有林、宗族林、水口林及寺庙林等。山林保护，关键是要做好封山育林，徽州民间与官府对此制定了切实有效的法令、族规和乡规，并予严格遵守。可以说，徽州的山清水秀，是徽州人长期以来精心守护的结果。

徽州在万山丛中，溪流众多，落差较大，为了解决一些平原地区的水稻用水，徽州先人因地制宜修筑坝，其中有草堨，即拦河打桩，压上柴草，填筑沙土；有石碣，即是用河道中的大卵石堆砌而成。然后在河坝的两岸兴修水渠，将拦截的河水沿着两岸所修的水渠流向需要灌溉的水田。此外，徽州先民很早就会利用拦水坝的落差水流作为能源建造水碓，以满足人们加工粮食的需要。

徽州许多地方还将水圳引进村子，甚至引进一些家户，如宏村、呈坎、潜口、琶塘、桂林等；唐模等村还建有水街，成了一道美丽风景，既方便生活，又调节了一村之温度，也有助于空气净化。

散布在徽州山山水水间的古村落，将自然环境与人居空间完美结合，胜似陶渊明笔下的桃花源。生活其间的徽州人，恰如前人所描述："我爱新安好，新安度岁华。风烟迷郡阁，浦溆带人家。南亩元多黍，丘中亦种麻。更逢飘皂盖，疆场视新瓜。"（宋代崔《新安四咏》）此情此景完全体现了徽州先人"天人合一"的基本理念。

依山傍水，是徽州传统村落的主要特征。已被联合国公布为世界文化遗产的西递，就是因为其地"罗峰"当其前，"阳尖"障其后，"石狮"盘其北，"天马"霭其南，中有二水环绕，故以此建村，"罗峰"等皆为山名也。同样是世界文化遗产地的宏村，背倚黄山余脉羊栈岭、雷岗山，云蒸霞蔚，时而如泼墨重彩，时而如淡抹写意，又能引水进村，故此选址。

西递和宏村也是皖南古民居的代表（图 3-24）。

（a）西递

图 3-24　徽州古村落的徽派民居建筑（一）

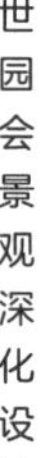

（b）宏村

图 3-24 徽州古村落的徽派民居建筑（二）

西递村坐落于黄山南麓，位于黟县城东 8km，始建于北宋皇祐年间，保留至今的数百幢古民居，从整体上反映了明清徽州村落的基本面貌和特征。西递村作为徽派古民居建筑艺术典范，素有“世界上最美的村庄”“古民居建筑的宝库”“明清古民居博物馆”之美誉。

宏村，位于黄山西南麓，距黟县县城 11km，建于南宋绍熙年间。它的规划匠心独具，选址、布局都和水有着直接的关系，形成一座奇特的牛形古村落。湖光山色与层楼叠院和谐统一，自然景观与人文内涵交相辉映，是宏村的特色。以正街为中心，数百幢古民居鳞次栉比，街巷蜿蜒曲折，被称为“科学与诗意最完美的结合”的一处古村落。

除了以上介绍的西递和宏村外，散布在徽州山山水水之间的古村落、古民居，无一不是徽州生态文化的精彩表现、天人合一的杰作。

第五节 “四色江南”特色园林景观

一般说来，江南有三重涵义：一是自然地理的江南，即长江以南；二是行政区划的江南，从唐至清，朝廷都设有江南一级建制，涵盖苏、皖两省，有时还包括江西；三是文化江南，从大文化的概念上相近趋同。前文以《长江三角洲区域一体化发展规划纲要》中划定的沪苏浙皖三省一市的“长三角地区”为范围界定，提出了“新时代江南地区”的概念，这正符合“文化江南”的题中之义。

从上文研究得出的三省一市的自然与文化景观要素来看，上海的代表性景观，体现在以黄浦江为代表的海派建筑文化，从中诞生了中国共产党；江苏的代表性景观，体现在以太湖为代表的苏派水乡文化，从中孕育了苏派建筑和江苏古典园林；浙江的代表性景观，体现在以西湖为代表的浙派山水文化，从中萌发了“两山”理念；安徽的代表性景观，体现在以黄山为代表的徽派生态文化，从中滋养了徽派建筑和皖南古村落。“一山一江两湖”，正是长三角地区三省一市的缩影。

通过对江南园林代表性自然与文化景观要素的属性进一步归纳与分类，我们可以得出江南地区具有的“红、黄、蓝、绿”四大景观底色（表 3-2），它们共同组成了生态文明新时代的“四色江南”。

表 3-2 “四色江南”景观要素

地区	代表性自然景观	代表性文化景观	景观内涵	景观底色
上海	黄浦江	中共一大会址	红色传承	红色
		近代公共建筑与花园别墅		
江苏	太湖	苏派建筑	水乡风情	蓝色
		古典私家园林		
浙江	西湖	“两山理念”诞生地	绿水青山	绿色
		西湖文化景观遗产		
安徽	黄山	黄山自然文化遗产	黄帝文化	黄色
		徽州山水与徽派民居		

未来对江南地区的园林景观设计，乃至国土空间规划，都应以江南各省市的代表性自然与文化景观为基础，继承发展，开拓创新，努力打造新时代江南特色城乡园林景观，让“四色江南”成为长三角地区的金名片，让“江南风情”成为神州大地永恒的绝唱。

第四章

章法序列：江南园林的设计意匠

孟兆祯院士指出：中国园林艺术从创作过程来看，设计序列有以下主要环节：明旨、相地、问名、布局、理微和余韵（图 4-1）。而借景作为中心环节与每个环节都构成必然依赖关系。将以上序列进一步加以归纳，可以将园林艺术创作的过程分为两个阶段，即景意和景象。前者属于逻辑思维，而后者属于形象思维。从逻辑思维到形象思维是一种从抽象到具象的飞跃，非一蹴而就，但终究是必须而且可行的。以上提到的只是创作序列的模式，并不是死板而一成不变的，实践中完全可以交叉甚至互换。但客观是有规律可循的，的确存在这么一个客观的设计序列。这个序列，就是园林景观设计的造园意匠。

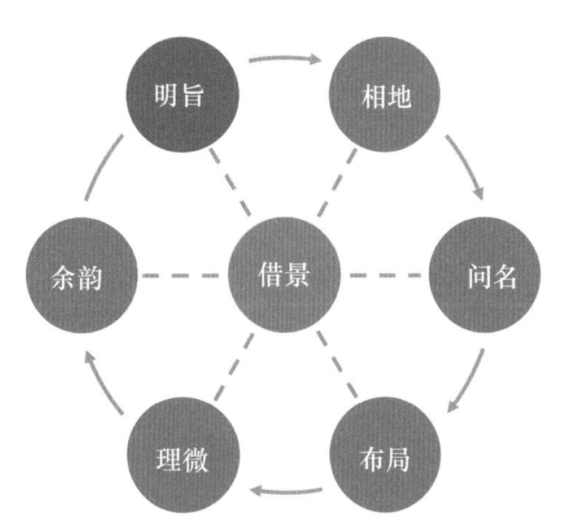

图 4-1　孟兆祯先生提出的园林设计序列

江南地区特色鲜明，其中江南园林极富宜人栖居的诗意和深厚的文化内涵与审美意境，基于第 2、3 章对江南园林景观总体特色的总结和分区特色元素的提取和分析，本章借助“造园意匠论”将这些元素运用到在江南地区举办的世园会园林景观设计表达上，使地域文化特色与园林景观设计理念相融合，为园林景观设计提供更多创作灵感。

第一节　园林景观设计的造园意匠论

造园即园林的营造、构筑，重在构字，含义深刻，深在意境，妙有诗情画意。因此，它不是山水、建筑、植物的简单组合，而是遵循一定自然法则和艺术规律所创造的符合人们审美情趣的可行、可游、可望、可赏、可憩、可息、可感、可悟的一种人工环境。意匠，按《辞海》的解释："谓作文、绘画等事的精心构思。语出陆机《文赋》'意司契而为匠。'契，犹言图样；匠，工匠。杜甫《丹青引——赠曹将军霸》'诏谓将军拂绢素，意匠惨淡经营中。'"中国诗画同源，充盈着诗情画意的园林亦然，均重意境。意境，犹如灵魂，意立而情出，融情于景，景情相生。景由匠作出，统领匠心的是意，景是意的载体，犹如躯壳，无此，则灵魂无所着落。由此而言，园林景观设计之造园意匠，是艺术和技术的有机结合，完美统一，体现了自然之美、空间之美和人文之美。

因此，现代造园意匠论就是造园的全过程反映出来的"意"（艺术）和"匠"（技术）结合的方法论，是对园林景观设计与营造的全面指导。现代造园意匠论，是浙派园林研究团队结合现代造园的实际理论，在传统造园意匠的基础上归纳、总结、提炼出来的一种园林设计方法论（图 4-2）。

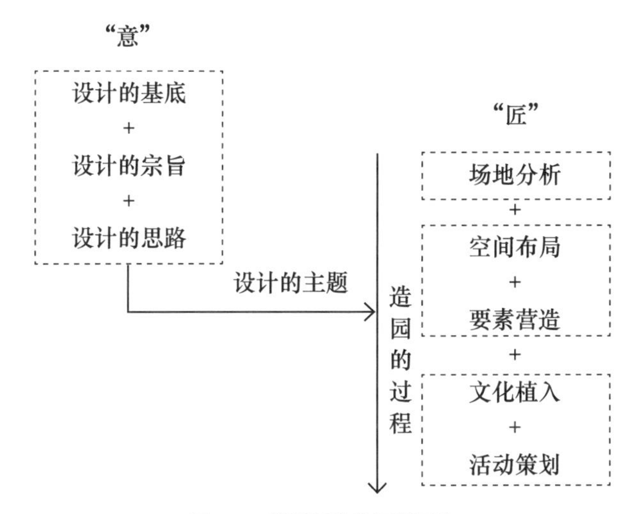

图 4-2　浙派园林造园意匠论

（1）园林景观设计的"意"

"意"是"匠"的指导思想。在造园之中，"意"是一种艺术。园林的"意"源于场地之地宜，而场地又借"意"生发意境，体现其艺术内涵，是造园当地的自然、政治、经济、人文环境与造园主意志的互相融合，并使之反映天地自然与园主内心世界的一种景观。"意"可以提炼为园林设计的主题，贯穿造园的始终。

（2）园林景观设计的"匠"

文化内容若是造园中的"意"，那么技术内容便是"匠"。"匠"是"意"的贯彻和保证，"匠"是对造园意图的落实，采用一定的造园手法，将山水、建筑、植物等园林要素按造园意图布局在园林中，使之组合成景观。匠的范围极广，大可到全园抑景、障景、框景、借景等构景手法，小可到园林要素的各方面，如园林置石中的匠就体现在：石材挑选、石材搬运、石的布置方式等。

第二节　江南特色世园会景观设计意匠

在江南举办的世园会在园林景观设计上应体现江南特色，重在体现江南地域文化。参考上文的“造园意匠论”（即确定主题、场地分析、空间布局、要素营造、文化植入、活动策划），将江南特色的世园会园林景观设计方法总结如下。

一、凸显江南特色，演绎展会主题

陈从周先生在《说园》中说道：“造园重在境界，故必先立意，意出而景生。”意往往理解为意在笔先的“意”，即造园之初的构思。然而陈从周先生又说：“我国古代造园，大都以建筑物为开路。私家园林，必先造花厅，然后布置树石，往往边筑边拆，边拆边改，翻工多次，而后妥帖。”可见，私家园林的营造也不是一蹴而就的，而是有一个过程。“意”是园林设计的主题，应贯穿造园过程的始终，在园林设计的开始阶段就要注意因地制宜地立意，这关系到造园之后意境的深化。每一届世园会本就有展会主题，主题就是此次世园会园林景观设计的立“意”，应根据会展主题要传播的办会精神进行园林景观的规划设计。例如，2021 年世园会在扬州举办，应体现江南盛景，传承和发扬江南传统文化精神，积极展现传统造园艺术和江南地区胜景风貌特色。

如何融入江南特色，即以“师法自然”为设计基底、“以人为本”为设计宗旨，将上述江南的园林景观设计要素呼应展会主题设计，以体现江南文化“诗性”特色为设计思路，将江南园林景观的诗情画意充分融入世园会景观之中。

首先，“造园如作诗文”，江南文人作诗文讲求起、承、转、合和抑扬顿挫，如陈元龙就曾为安澜园的前身遂初园作诗十八首，并以十八处景点为题，赋予了安澜园中十八景以诗画的气息。在融入江南特色的展会主题呈现上，就应注重展会公共景观区域整体具有江南园林的雅致清丽和空间组织的序列感。其次，江南地区的山水画继承了中国山水画的空间表现形式，这对江南特色的园林景观设计产生了重要影响，在演绎展会主题时也应注意世园会带给游客的不仅仅是独立的画面，而是一系列复杂的游赏空间的组合，正所谓“步移景异”，这些画面又可从江南山水画中展现的民俗生活中就地取材。除此之外，山水画又注重运用对比的方法，在展会整体设计甚至区块节点设计上对场地中的主次景和景点疏密布局上要进行深入考虑，由此呈现出景物的虚实对比、主次对比、疏密对比等形式，以求达到“言有尽而意无穷”的境界。

二、整合地域资源，把控基地现状

《园冶》“兴造论”中说：“故凡造作，必先相地立基。然后定其间进，量其广狭，随曲合方，是在主者，能妙于得体合宜，未可拘牵。”可见，营造园林景观首要就是选择合适的场地，基于世园会已定的会场地址，那首要的即是对选址场地进行现状分析，宏观来说就是对选址所在地区以及选址周围的一些资源进行分析，微观来说就是选址本身场地内的现状分析，如交通流线、土壤情况、水文条件和已建设内容等。

江南地区自然山水条件优越，传统江南园林大多选址于山水兼具的环境造园。因此，若是在江南地区举办的世园会，一般应选址于山水兼具的环境。这样一来，即可调动和利用会场本身及其周围的山水要素营造具备江南地区特色的世园会。至于如何把控会场场地资源，可参照江南园林中山水园、山地园和水景园的设计，山林地本身地貌相对城市平原丰富许多，有凸有深，有曲有高，只要稍加梳理和略微地雕琢，就能形成自然野趣的园林景观，例如浙江省内多山，“七山一水二分田”，园林多与真山真水相结合，如杭州的岣嵝山房背靠山崖，旁边重峦叠嶂，因此它的建筑多凌空架在山间，借助山势的高低错落，与自然融为一体。至于水系丰富的场地，多将水引入场地内或者是借助场地外已有的水景风光，这样既发扬了所相之地的优势，也能通过借景克服用地的劣势。

总而言之，地处江南地区的世园会会场选址多半拥有较好的天然条件，相地选址的第一步就是在尊重场地原始条件的前提下改造地形；第二步是梳理水源，“水贵有源”，有来有去的水流可以使得园林更加生动；第三步是结合周边环境资源，查找是否有可以凭借或者利用的资源。综上，江南特色的世园会园林景观营造在场地分析上要注重因地制宜、顺势而为。

三、结合前期分析，规划空间布局

此阶段是在立意（即展会主题）和相地（即场地分析）的基础上，进行总体规划（即空间布局）。江南园林景观的空间布局重在营造山水自然之境，即孙筱祥先生所说的：“树无行次，石无位置，山有宾主朝揖之势，水有纡回萦带之情，是一派峰回路转、水流花开的自然风光。”所以体现江南特色的世园会布局也应以江南园林的艺术追求“虽由人作，宛自天开”为目标，同时，注重园内叠石、理水、建筑、花木在布局上的侧重。

根据不同的选址，也有相应更适合的布局形式。在面积较小的园林景观设计中多取向内集中的布局形式，彭一刚先生说：“这种布局的好处是在极为有限的范围内可以布置较多的建筑，且不致造成局促、拥塞。”园林中的围墙可以作为空间的限定，回廊、亭台楼阁、水榭等建筑物均沿着场地周边进行布置，就能形成一个集中的内向庭院空间，如浙江南浔小莲庄（图 4-3）。在面积较大的园林景观设计中，多采用串联式布局，即在契合展会主题的基础上以某一园林景观设计要素为主脉，统领全园，其他要素可以作为串联的要素，使得空间依次展开。例如浙江海宁的安澜园就是以水元素为主脉，用岛屿、桥和假山等元素分隔空间，铺开园内空间序列（图 4-4）。还有集锦式布局，如集锦式的湖上园林瘦西湖，视野比苏州私家园林更加开阔，空间转换又比杭州西湖更加紧凑（图 4-5）。在选址山林地时由于受到场地地形自然无规律的高低起伏的限制，多采取散点式布局，并且对经济效益和观赏效果等多方面进行深入考虑，这一布局方式在选址于西湖真山真水之间的园林中体现得淋漓尽致，如留余山居（图 4-6）。

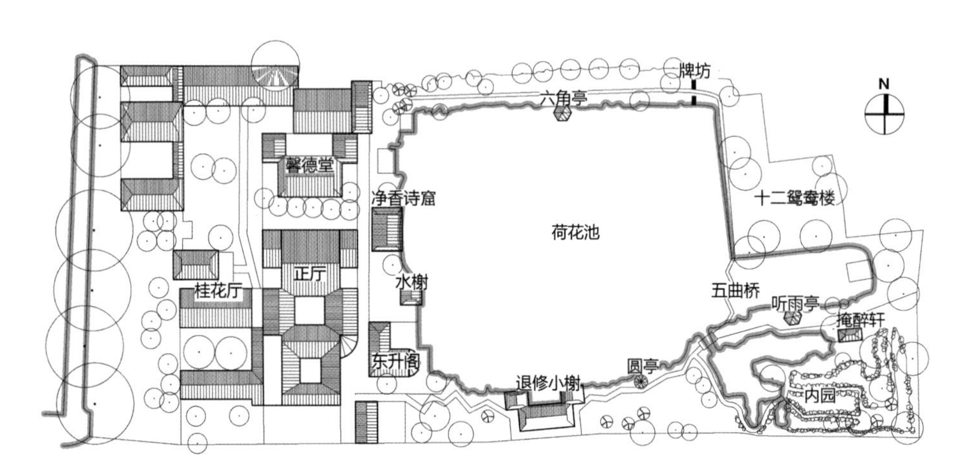

图 4-3　江南园林的向心式空间布局（小莲庄）

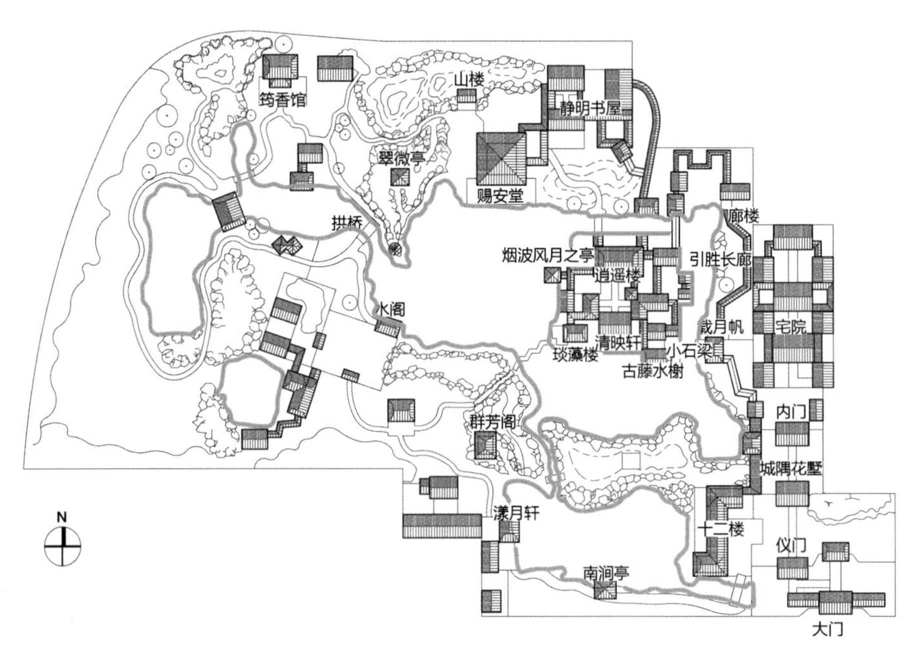

图 4-4　江南园林的串联式空间布局（安澜园复原平面图）

图 4-5 江南园林的集锦式空间布局

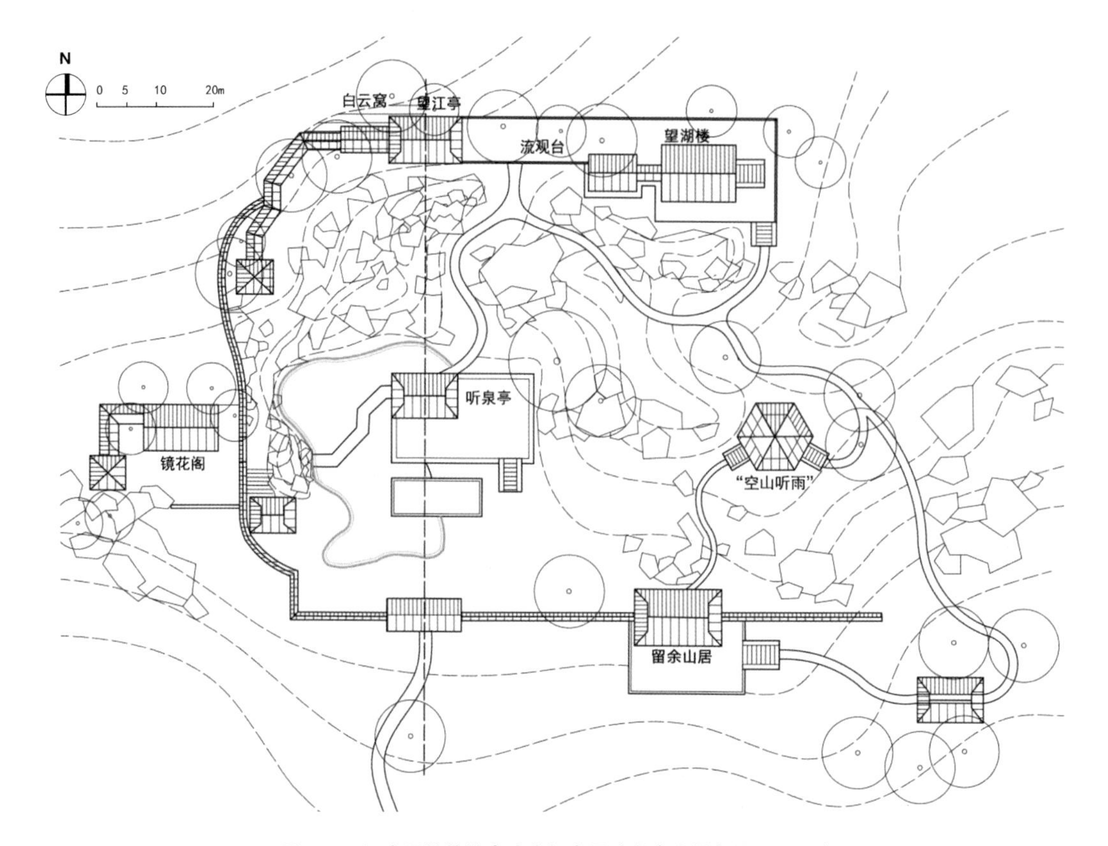

图 4-6 江南园林的散点式空间布局（留余山居复原平面图）

总而言之，结合前期对场地选址的分析，采取适合相地的空间布局方式，从而开展空间序列组织。

四、运用生态手法，营造园林要素

江南古典园林遵循着古人“天人合一”“道法自然”的朴素生态观，在基址、水体、建筑、植物等园林要素的营造中都有所体现，可见，江南人民对自然十分尊重，因此才营造出了顺应自然、人与自然和谐共处的园林佳境。在造园第二步相地即场地分析中就已经在结合生态手法，其中主要运用的手法有藏风得水法和因地制宜法。《葬经》曰：“气乘风则散，界水则止。古人聚之使不散，行之使不止，故谓之风水。风水之法得水为上，藏风次之。”在园林营造时，要选择适宜的基址，使生气积聚不散。简言之，“背山面水、负阴抱阳”就是“藏风得水”的外在表现。至于因地制宜法是根据基址地形条件来得体合宜地进行园林空间布局。

到了这个阶段，在大的空间布局好之后，就要注重各种园林要素的安排。“无水不成园”，尤其是在江南地区，水体是必不可少的营造要素，其生态造园手法有水系互通法、自然形态法、源头活水法、功能合宜法等。例如江南著名公共园林杭州西湖本身采用水系互通法，使西湖与杭州河道、钱塘江之间互通，不仅改善了城市水环境，还为城市居民供水、改善了生活条件；杭州西湖本身也承载着许多功能活动，体现了水体可观可游可用的功能，人们可泛舟游玩也可月夜赏月，还能在水面表演节目增添活力，如 G20 杭州峰会期间，在杭州西湖演出的水上情景表演交响音乐会——“最忆是杭州”，体现出“西湖元素、杭州特色、江南韵味、中国气派和世界大同”的理念（图 4-7）。杭州西湖周围有许多小的私家园林和寺观园林，它又为这些园子提供水源，如郭庄，将西湖水引入园中，只要西湖不枯竭，园内水源永远不断，即采用了源头活水法，一般江南地区的园林内水源都是活水。最后，自然形态法是将自然界中江河湖海的形态缩影模拟到园林景观的水体中，江南本是水乡，可以挖掘其中水文化进行提炼和运用。

图 4-7　G20 杭州峰会水上表演

园林中的建筑，既要与自然环境相协调，使人在建筑之中体会到自然之美，又要对建筑进行装点，使其更具自然情趣。从选材来说，应尽可能就地取材，从而节约建设成本和减少材料运输时间等；建筑设计上更是要适应当地的气候，从而适宜江南居民使用；从布局来说，满足了使用功能的同时，也要和园林其他要素搭配融合，达到人工与自然高度和谐的理想境界。例如闻名于世的徽派建筑，选材上以传统的乡土砖、木、石为原料，以木构架为主体，广泛采用砖雕、木雕与石雕工艺；朝向上坐北朝南使得室内采光良好；外观具有和谐的韵律美，马头墙、小青瓦成为徽派建筑的标志；整体布局上依山就势、规模灵活，如黟县宏村，建筑群落背靠雷岗山、前临南湖、傍依浥溪河，整个村落设计成牛形，有“中国画里的乡村”之称。

园林中的植物是有生命的要素。在植物选择上，要注重植物的生态习性和生物学特性，挑选适应当地气候的植物，在体现植物多样性的基础上尽可能采用乡土植物，同时要考虑各季相都有植物景观，做到四季可赏。例如上海豫园，其园林植物以乡土树种为主，约有 32 个树种，植物配置方式包括与建筑造景、与水体造景、与山石造景等，园林中植物与山水、建筑和谐地融为一体。其中的垂丝海棠与旱柳、云南黄馨与枇杷、紫叶李与蜡梅、圆柏与蜡梅、云南黄馨与垂丝海棠等组合搭配，不仅融树种的生态功效与景观欣赏功能于一体，还有丰富的季相变化（图 4-8）。

图 4-8　上海豫园的植物景观

五、融汇江南文化，表达审美情趣

世园会园林景观设计不仅仅在于山水、植物、建筑等园林要素的营造，还表现在设计者对主题的理解上，通过植入文化元素，传递独有的审美情趣，从而与游客产生精神共鸣，展现园林意境美。江南地区许多私家园林通过匾额楹联在内容上传递园主人的精神品格以及对于自然山水的向往。如沧浪亭，其中面水轩到观鱼处由两条并行的双廊（复廊）连接，中间隔以花墙漏窗，可以沟通内外山水。轩内悬挂着一副对联："短艇得鱼撑月去；小轩临水为花开。"上联写景，设想奇特，境界清幽，兼容《楚辞·渔父》中沧浪歌的意韵；下联取自宋代苏轼《再和杨公济梅花十绝》诗中："白发思家万里回，小轩临水为花开。"歌颂品行高洁的梅花，实际上是诗人对自身的赞美，以此借喻自身及园主的品格高尚。全联将能给人以美感的短艇、鱼、月、波光、梅花等景物摄入镜头，通过视觉、感觉、嗅觉等方面感染读者，意趣灵动。

在江南古典园林中，还常常运用植物景观题名增添场所的文化意蕴。题名形式除了植物结合场所之外，还可融入更多文化内涵，加强植物景观的意境，例如“梨花伴月”“暗香疏影”“竹深荷静”，以及西湖十景中的“曲院风荷”“花港观鱼”“柳浪闻莺”等。

六、体现江南风俗，策划园内活动

在中国古代，园居生活是造园的主要目的，园林就成了园主人活动的主要场所，他们可以邀请好友饮酒作诗、品茶观景，也可以独自浇花灌蔬、参禅冥想等。高濂的《四时幽赏录》中还按季节将当时流行一时的活动进行了整理（表 4-1），从分类可看出当时杭州地区盛行的活动以观赏自然山水、动植物、天象景观为最多。在宋代，由于寺观园林逐渐公共化，各阶层人群在其中开展各项活动，同时还具备商业市场等功能，《东京梦华录》中记载开封的相国寺和成都的大慈寺都有繁荣的市场，成都圣寿寺和大慈寺都有蚕市等，这些活动的开展，极大丰富了人们的生活，也为园林增添了情趣。

表 4-1 《四时幽赏录》中的活动

季节	观赏山水景观	观赏动、植物景观	观赏天象景观	观赏其他景观（民俗）
春	保俶塔看晓山	孤山月下看梅花、八卦田看菜花、登东城望桑麦、三塔基看春草、初阳台望春树、山满楼观柳、苏堤看桃花、西泠桥玩落花	天然阁上看雨	虎跑泉试新茶、西溪楼啖煨笋
夏	东郊玩蚕山、湖晴观水面流虹、步山径野花幽鸟	苏堤看新绿、湖心亭采莼、乘露剖莲雪藕	三生石谈月、山晚听轻雷断雨、空亭坐月鸣琴、观湖上风雨欲来	飞来洞避暑、压堤桥夜宿
秋	资岩山下看石笋	西泠桥畔醉红树、满家巷赏桂花、三塔基听落雁、策杖林园访菊	胜果寺月岩望月、水乐洞雨后听泉、北高峰顶观海云、乘舟风雨听芦、保俶塔顶观海日	宝石山下看塔灯、六和塔夜玩风潮
冬	湖冻初晴远泛、登眺天目绝顶	雪霁策蹇寻梅、山头玩赏茗花、山窗听雪敲竹、除夕登吴山看松盆	三茅山顶望江天雪霁、西溪道中玩雪	山居听人说书、扫雪烹茶玩画、雪夜煨芋谈禅、雪后镇海楼观晚炊

此外，在新时代背景下，结合了传统园居生活的文创产品也应运而生，就像古人收集怪石、奇花异草的雅致一样，剪纸、刺绣、根雕、香包也成为新时代园林生活的一部分。现代园林景观设计也需将活动策划考虑在内，并尊重地域文化

与风俗习惯，策划文化活动、制作文创产品。江南特色的世园会则可借鉴江南园林里曾有的活动，如 2019 北京世园会中的浙江园开园期间，共举办专题活动 14 次，包括“浙江日”活动，城市主题日活动，安吉日、三门日活动等。特别是在“浙江日”当天，浙江园游人如织，像是明代戴进《春游晚归图》中古人结伴交游的场景。步入浙江园，不仅是走在浙江园的如画山水画卷中，更是走在充满乡愁的浙人家中。茶道、古琴、刺绣、根雕、香包制作技艺都在主建筑“富春山居”内展开，想象古人在园林中的日常，想象他们的“以遂林居之乐”(图 4-9)。

图 4-9　2019 北京世园会浙江园内的文化活动

第五章

花开盛世：扬州世园会设计概览

从2019年12月以来，一场蔓延中国全境的流行病给我们带来了强烈的震撼。面对新冠病毒疫情，举国上下齐心协力，全力以赴救治病患并严防死守，疫情得到良好的控制。在中国特色生态文明建设的新境界、新局面下，从风景园林的视角来看，这次疫情让园林绿地作为生活必需品的价值再次得到印证，也对其未来发展产生了诸多影响：政府会更加关注在公共健康方面的资源投入，民众也将更加重视自身健康，进而对园林绿地提出更多健康改善方面的功能要求，由此可见，风景园林行业独特的生态理念在营建生态人居环境中具有其他行业无法代替的作用和地位。

目前，中国将进入公共卫生发展新阶段，社会对公众健康的关注为风景园林提供了前所未有的机遇和挑战。风景园林在公共健康改善和疫情防控中将发挥重要作用。风景园林改善公共健康的途径大致可以分为两种视角：一种是区域环境保护的宏观视角，主要认为公共健康危机的根源是人类发展带来的生态环境破坏，解决这一问题需要重建人与自然和谐的生态环境系统；而另一种视角则更加直接，也是本书研究的主要聚焦点，主要以人为中心，强调园林绿地在改善人的健康方面的直接作用，以及如何通过规划设计、管理运营和政策调控来高效率地发挥这些功能。

虽然风景园林在改善公共健康机理方面已经具备一定的理论积累，但是在应对疫情和基于理论的深度实践、管理、保障等方面的研究仍明显不足。2021年扬州世园会园区的规划设计体现了“绿色城市·健康生活”这一展会主题，从而传播生态理念、倡导健康生活，为营建生态人居环境助力，凸显后疫情时代风景园林的作用和行业所做的探索。

第一节　世界园艺博览会概况

一、世园会的分类

世界博览会，简称世博会，是一项由主办国政府组织或政府委托有关部门举办的有较大影响和悠久历史的国际性博览活动。参展者向世界各国展示当代的文化、科技和产业上正面影响各种生活范畴的成果。

世博会分为两种形式，一种是综合性世博会，另一种是专业性世博会。

世界园艺博览会是世界博览会中的专业性世博会，是最高级别的专业性国际博览会，也叫世界园艺节，是由国际园艺生产者协会（AIPH）批准举办的国际性园艺展会。

AIPH 将世界园艺博览会的类别分为如下几类：

1. A1 类：大型国际园艺展览

举办频率和数量：每年举办 A1 类展览不能超过一次；每个国家 10 年内举办 A1 类展览不能超过一次；A1 类展览的举办频率将与国际展览局协商确定。

举办期限：3 ~ 6 个月。

申办：提前 7 年申请。

特殊规定：A1 类展览必须覆盖整个园艺界的所有领域。最小展览面积 $50hm^2$，其中建筑占用面积不得超过 10%（不包括室内展览场馆）；至少有 5% 的面积留给全程展出的参展单位；参展国家至少 10 个。

2. A2 类：国际园艺展览

A2 类展览可与 B1 类展览结合起来举办，有关两个类别的规定同时适用。

举办频率和数量：每年举办 A2 类展览不能超过 2 次；如果一年内有 2 个 A2 类展览在同一个洲举办，其开幕时间的间隔不得少于 3 个月；A2 类展览的举办时间不能与 A1 或 B1 类展览的开幕式、主要展览时期和闭幕式相冲突；如果 2 个 A2 类展览在不同的洲举办，前一个展览的闭幕时间和后一个的开幕时间的间隔不得少于 3 个星期。

举办期限：8 ~ 20 天。

申办：提前 5 年申请。

特殊规定：最小展览面积 $15000m^2$（总面积），其中至少有 $2000m^2$ 留给国外参展单位；参展国家至少 6 个。

3. B1 类：有国外单位参展的园艺展览（长期）

B1 类展览可与 A2 类展览结合起来举办，有关两个类别的规定同时适用。

举办频率和数量：每年举办 B1 类展览不能超过 1 次；如果两个来自不同半球的城市同时申办展览，或者在与所有相关方面进行协商后，认为两个展览时间距离足够长，不会影响各自预期的参加者和观众，AIPH 可给予例外处理。

举办期限：3 ~ 6 个月。

申办：提前 4 年申请。

特殊规定：最小展览面积 $25hm^2$，其中至少 3% 留给国外参展单位。

4. B2 类：有国外单位参展的园艺展览（短期）

举办频率和数量：每年举办 B2 类展览不能超过 2 次；除非与 A1、B1 或 A2 三个展览的举办方协商后获得同意，B2 类展览的举办时间不能与这些展览相冲突。

举办期限：8 ~ 20 天。

申办：提前 3 年申请。

特殊规定：最小展览面积 $6000m^2$，其中至少 $600m^2$ 留给国外参展单位。

1851 年，英国伦敦举办的万国工业博览会，是第一次真正意义上的世界性博览会（即“世博会”）。时间从 1851 年 5 月 1 日至 1851 年 10 月 15 日，这次博览会历时 5 个多月，吸引了 6039195 名参观者。展览地为现在的水晶宫（图 5-1），是维多利亚时代重要的象征，确立了大英帝国世界工厂的主导地位。

图 5-1　伦敦水晶宫

1960 年，在荷兰鹿特丹举办的鹿特丹国际园艺博览会，是第一届世界园艺博览会，即“世园会”。

鹿特丹（Rotterdam）是荷兰第二大城市。它原本是鹿特河附近的渔村，该河古时从南荷兰的沼泽地区流入马斯河，鹿特丹因鹿特河而得名。港口设施的重建于 1949 年完成，并逐步恢复了海上交通运输。港口和工业区面积扩大，使鹿特丹自 1961 年起跃为世界第一大港。

步入鹿特丹，宛如置身于一座新兴的大城市。建筑物基本上是战后新建的，外观新颖别致，大多为西欧风格，造型独特，异彩纷呈（图 5-2）。

图 5-2　荷兰鹿特丹城市景观

二、世园会在中国

我国地域辽阔，自然条件复杂，地形、气候、土壤多种多样，使得我国的植物资源十分丰富，是世界栽培植物八大起源中心中最大的中心。在已知的有花植物约 27 万种中，中国约有 25000 多种，花卉资源十分丰富，奇花异草数不胜数。例如杜鹃花，世界上原种数约为 800 个，而我国则占了约 650 个；山茶花全世界约 220 种，而生长在我国的则有 195 种；在近 500 种报春花中，我国占了约 390 种。

在欧洲，曾经流传着这样一句话：“没有中国的花木，就称不上一个花园。”我国的花卉资源经过多种渠道流入世界各地，为丰富世界的园林园艺作出了很大的贡献。16 世纪以后，我国大量的花卉资源传入国外，欧美自中国花卉引进后，很快改变了原来的面貌，因而，国外往往把到中国采集花卉资源称为挖金。自 1899 年起，有一个名叫亨利 · 威尔逊的人先后 5 次来中国搜集栽培和野生花卉。在长达 18 年的时间里，他走遍川、鄂、

图 5-3　亨利 · 威尔逊及其名著（包志毅、陈波等译）

滇、甘、陕、台诸省，共搜集乔灌木达 1200 种，采集蜡叶标本 65000 份。威尔逊于 1929 年在美国出版了他在中国采集植物的记事，书名就叫《中国乃世界花园之母》(China，Mother of Gardens)(图 5-3)，从此，中国就有了“世界园林之母”之称。

到了 20 世纪，由于欧洲等发达国家极其深厚的园林园艺传统，家庭花园非常普及，城市园林建设水平很高，整个园林园艺产业都非常发达。因此，欧洲自然成为世界园艺博览会的活跃地区，并由法国接过国际园林展的接力棒，建立了国际展览局(BIE)，规范了世界园艺博览会的性质、规模和展期。展览内容包括主题园艺花园、家庭园艺花园、观赏植物花园、经济植物花园、农作物展览、室外花卉展览、室内植物展览、景观材料展览、园林设施展览、园林技术展览、墓园以及公共艺术展览等，展览内容极其丰富。

中国举办世界园艺博览会的历史可以追溯到 1999 年的昆明世界园艺博览会(A1 级)，主题为：“人与自然——迈向 21 世纪”。展期从 1999 年 5 月 1 日至 10 月 31 日，历时 184 天，会址设在昆明市北部金殿名胜风景区(图 5-4)。

昆明世博园占地 218hm²，植被覆盖率 90%，集全国和众多国家的园林园艺精品、庭院建筑。世博园有五大室内场馆：中国馆、国际馆、人与自然馆、科技馆、大温室；七个专题展园：树木园、药草园、竹园、蔬菜瓜果园、盆景园、茶园、名花异石园；园内共种植各类植物 2500 多种、200 万株，其中珍稀濒危植物 112 种，在竹院内有各类竹子 319 种。

图 5-4　昆明世园会景观

1999 年昆明世界园艺博览会是中国真正接触国际水平的园林展园的开始。经过多年的高速发展，国内已经涌现出中国国际园林花卉博览会(简称园博会)、中国绿化博览会（简称绿博会）和中国花卉博览会（简称花博会）三种形式的全国性园林园艺博览会，展园种类也发展为专类展园、温室展园、大师园、IFLA 展园、城市展园等多个类别，其国际化、专业化和现代化水平在世界园艺博览会实践中得到逐步丰富与发展。

到目前为止，中国已经举办过“1999 年昆明世界园艺博览会”（A1 类）、“2006 中国沈阳世界园艺博览会”（A2+B1 类）、“2010 年台北国际花卉博览会”“2011 西安世界园艺博览会”（A2+B1 类）、“2013 中国锦州世界园林博览会”（IFLA 和 AIPH 首次合作）、“2014 青岛世界园艺博览会”（A2+B1 类）、“2016 唐山世界园艺博览会”（A2+B1 类）和“2019 北京世界园艺博览会”（A1 类）。

2016 年 9 月 30 日，在土耳其安塔利亚举行的国际园艺生产者协会第 68 届会员大会上，中国扬州最终获得了 2021 年世界园艺博览会的承办权，园区选址在仪征市枣林湾旅游度假区核心区，2021 年扬州世界园艺博览会将成为继 2018 年第十届江苏省园艺博览会之后，扬州市仪征市枣林湾举办的又一次园艺盛宴。

第二节　扬州世园会园区景观设计

一、扬州世园会概况

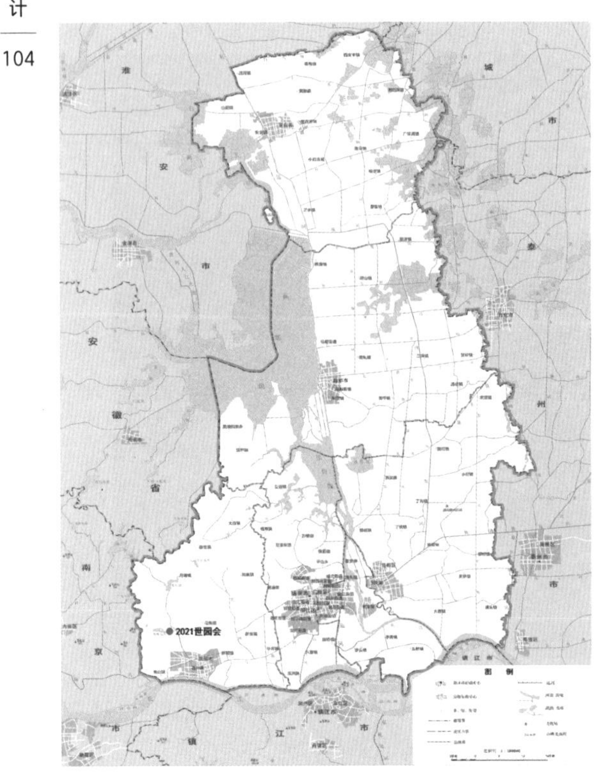

图 5–5　项目选址位置图［审图号：苏 S（2021）024 号］

2021 年中国扬州世界园艺博览会是经国际园艺生产者协会（AIPH）批准并由国际展览局认可的，由扬州市人民政府承办的 A2+B1 类世界园艺博览会，于 2021 年 4 月 8 日开幕，至 10 月 8 日闭幕，时长 184 天。

扬州世园会选址位于江苏省扬州市仪征市枣林湾旅游度假区（图 5–5），具体位置为汉金路以东，天池路以南，枣林路以北，红光路以西。枣林湾地处江苏省域城镇化格局中“一带”（沿江城市带）和“一圈”（南京都市圈）的交汇处，是扬州西南部生态核心，对接南京的西部门户区，是仪征市生态涵养区和休闲旅游基地，S353 生态旅游产业发展带上的重要节点，西部山水特色景观片区。

扬州世园会主题为“绿色城市 · 健康生活”，旨在引领绿色技术，响应城市双修，重构复合生态系统的绿色城市；倡导健康生活，号召世园理念，传播园林园艺的健康生活理念；带动全域旅游，枣林湾成为国际生态休闲旅游目的地。

扬州世园会项目分为东西两大区域，其中，西区为原省园会改造提升区域，面积 120hm²；东区为新建区域，面积 100hm²，远期配套区 148hm²（图 5-6）。基地内部以园林、农田、水系、林地等要素为主，南北地势起伏变化，呈现出典型的低山丘陵风貌。

图 5-6 用地规划分区图

本届世园会充分考虑了东西两园的衔接关系，总体形成“一轴·两脉·五心·八片区”的空间结构。一轴：为世园会东区贯穿南北的核心景观轴，连接南入口景观区、中心景观区、北入口景观区。两脉：以枣林湖和枣林河水体景观构成滨水游览环线，以东西主要园路联系三大园艺展区和两大展馆构成陆上游览主线。五心：即在保留园冶园、碧云村的基础上，将原省园会主展馆作为中国馆，东区新建国际馆和演艺馆，共同构成园区五大功能建筑。八片区：为入口服务区、中华园艺展区、世界园艺展区、生活园艺展区、企业园艺展区、院校园艺展区、江苏园艺展区和生态休闲区等八大功能区（图 5-7、图 5-8）。

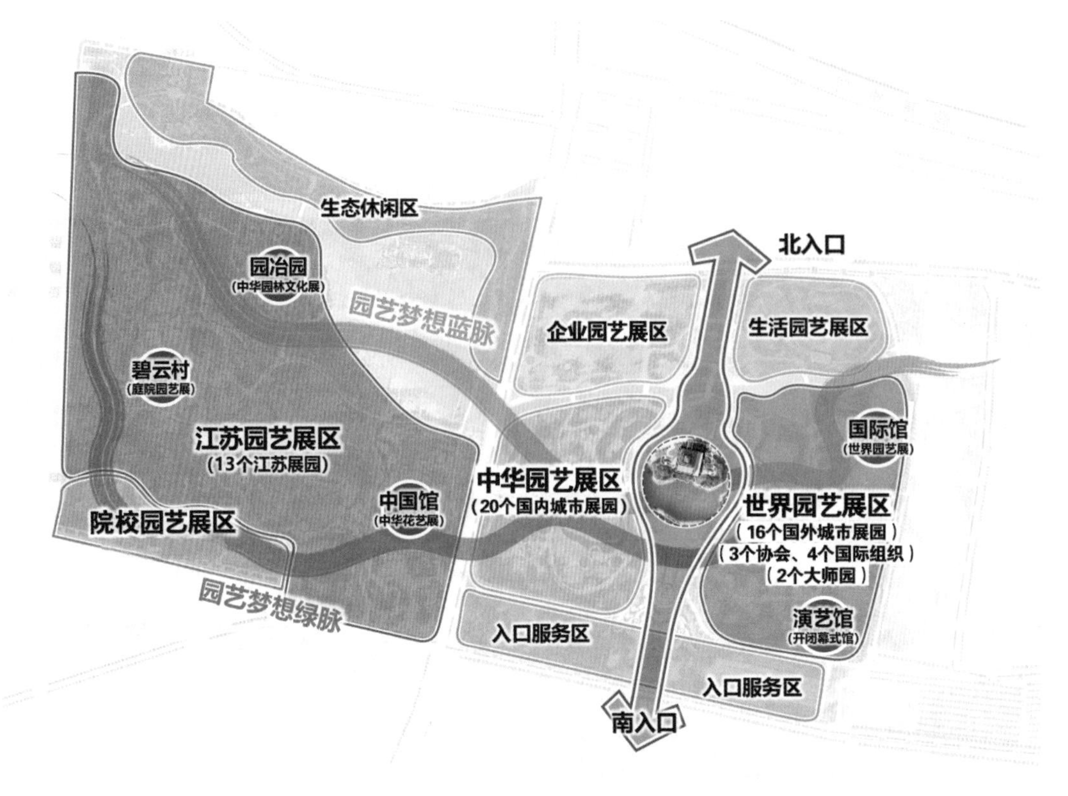

图 5-7　扬州世园会空间结构规划图

图 5-8　扬州世园会鸟瞰图

扬州世园会会徽“绿杨梦双花”以扬州双市花芍药、琼花为设计要素，琼花体现“维扬一枝花，四海无同类”的城市个性，芍药代表吉祥、富贵，琼花、芍药交相辉映，表达了世园会“人与自然和谐共生”的理念与共建人类命运共同体的追求（图 5-9）。吉祥物“康康·乐乐”造型活泼、形象可爱，有机融合了传统民族服饰和大运河、芍药花的扬州元素，代表了“绿色城市·健康生活”的办会主题，以及对儿童健康、快乐成长的共同关注，并宣示合力建设美丽、健康中国扬州样板的美好愿景（图 5-10）。

图 5-9　扬州世园会会徽“绿杨梦双花”

图 5-10　扬州世园会吉祥物“康康、乐乐”

二、江南特色世园会景观设计原则

大多园林展最初只是展示园艺植物新品种与新技术，后来发展为与园林相关的艺术领域，以及艺术文化活动。世界园艺博览会在景观特色的展示方面也越来越突出，将自然性、文化性与地区性有机融合是设计的不二选择，在遵循此三方面的基础上，针对具有江南特色的世园会景观设计的原则如下。

1. **坚持最小干预**

对场地现状自然环境充分尊重与最小干预。在人工环境营造方面，从总体规划结构到空间形式细节均应凸显“绿色、环保、共生、和谐、多样、适应”等生态文明价值理念，使世园会成为倡导和展现人类生态文明智慧与成就的重要载体和展示空间。

2. **突出地域文化**

注重设计的文化意义表达。在延续世园会文化主题的基础上，突出展现中国以及举办地的特殊空间文化底蕴和地区风貌特征，使本届世园会在空间文化意味上区别于以往的世园会及同类展会空间。

3. **注重创新设计**

在注重基本功能性要求的基础上，尽最大可能锐意创新、大胆想象和勇敢尝试，充分展现规划设计的原创性、独特性和艺术性，要为参观者创造出有别于以往任何同类型展会的积极、美好、独创、难忘的观展环境和艺术氛围。

4. **传达人性关怀**

从参观者、使用者、运营者的多重视角规划世园会，从集体到个体层面、从宏大到细微之处均应体现“以人为本”的精神，传达“人性关怀”的善意与温暖，把世园会办成安全、舒适、轻松、愉悦、充满幸福感的世园会。

5. **尊重场地精神**

尊重场地内原有的自然地形地貌，以及具有独特价值的历史遗存，尽最大可能保证新旧设计内容、人工与自然的和谐共生，让世园会成为具有望山、见水和记乡愁的人文空间。

6. **注重可持续设计**

将世园会所在场地作为城市空间有机发展的一部分来进行规划设计，注重场地在会时和会后的功能转换、空间衔接与场所精神等方面的有机延续性，注重改善场地原有的环境品质，注重会后的有机更新和可持续利用。

7. **应用先进技术**

突出低碳、绿色及新能源等领域的技术应用，兼顾先进技术与适用技术、外来技术与本地技术的多层次协同应用，将现实的世园会实体空间与虚拟空间相结合，在规划设计上预留二者的环境接口。

8. **突出社会热点**

在规划设计层面即应兼顾媒介传播和市场消费的需求，要以易于辨识、阐释和传播的认知结构，富于趣味性和多样性的创意体验，具有多重市场“卖点”的空间与形式来保证规划设计与传播营销的完美结合与同步进行。

三、世园会西区主题与景观设计概览

扬州世园会西区是原第十届江苏省园艺博览会主会场，将整体改造为 2021 年扬州世园会江苏园。

2017 年 2 月，江苏省人民政府正式批复同意 2018 年 9 月 28 日～ 10 月 28 日在仪征市枣林湾旅游度假区举办第十届江苏省园艺博览会，主题为“特色江苏，美好生活”。

1. 场地概述

仪征枣林湾旅游度假区处于南京都市圈核心圈层，宁镇扬一体化区域几何中心，西依南京国家级江北新区，属于扬州“东水西山”大旅游板块西山核心区，占地 68km^2，为华东最大丘陵生态园、江苏省级旅游度假区、扬州最大生态中心。

依托世界上第一座大型船闸诞生地、世界上第一本造园专著《园冶》成书地的深厚底蕴，“三山、五湖、两泉、一河”的自然资源和低丘、湿地、森林、湖泊的多元地貌，枣林湾旅游度假区致力于生态旅游、运动休闲、养生养老的健康产业发展，国内最大的户外体育公园，国内单体最大的芍药展示、栽培基地，华东最大的车马运动体验基地，江北重要的温泉休闲度假基地等纷纷集聚，彰显着省级旅游度假区的个性魅力，吸引着国内外游客近悦远来。

2. 规划定位

远离都市喧嚣、亲近自然山水，便捷联系周边各大城市的园艺“奥林匹克”盛会，在进则繁华、退则静谧的诗意空间中，精彩演绎郊野公园、地景博览的独特风采。

本届园博会规划定位为：都市郊野公园、地景博览园。

①特色地景：基于江苏地域特色，按照原貌依次展示江南水乡、低山丘陵、里下河湿地和沿海滩涂四大典型地景。

②百变空间：基于旅游、体验等多功能需求，通过院落、街巷、建筑、广场、展园等形式，营造休闲、娱乐、健身、亲子等弹性活动空间，让园博会不仅好看，而且好玩。

3. 空间结构

江湖美地、山林佳境，外借苏中第一山峰铜山之奇崛、千亩枣林湖之静幽，凭依云鹭湿地公园自然景观，堆土成丘，就地凿水，直通运河，畅达长江，沟通海洋。

全园的空间结构是“一心、一廊、两带、五区”，“一心”为百花广场，“一廊”为山水景观廊，“两带”为湿地生态带、滨水景观带，“五区”为入口展示区、园艺博览区（园冶园、民俗文化村、13 座城市展园）、湖滨休闲区、台地游赏区、林荫活动区（图 5-11、图 5-12）。

图 5-11　第十届江苏省园博会手绘地图

图 5-12　第十届江苏省园博会鸟瞰图

四、世园会新建核心展区（东区）主题与景观设计概览

1. 新建核心展区总体规划

（1）项目的意义与使命

①引领绿色技术

响应城市双修，重构复合生态系统的绿色城市，充分体现世园会的办会精神，突出世园会对园林园艺事业的“探索创新、示范引领”作用，将现代先进绿色技术、海绵技术等与园林艺术充分融合，体现世园会对城市建设和发展的推动和引领作用。

②倡导健康生活

将园林艺术与市民生活紧密相连，提倡绿色健康的生活方式，让园林嵌入生活，使生活充满惊喜，让人们在世园会中感受到“园林无处不生活，生活处处赏园林”。

③展现地域特色

传承和发扬扬州传统文化精神，积极展现传统造园艺术和地域胜景风貌特色，再现扬州盛世风貌，并对枣林湾地区的旅游和生态功能起到完善与提升的作用。

④带动全域旅游

利用信息技术，把资源进行整合，为游客量身定做旅游产品，吸引周边家庭游群体，建设高效的游览、服务、管理、运营体系，提升服务品质，营造“贴身服务”的世园会游览新体验。

（2）会期规划目标与定位

①目标：世园会新标杆

方案基于历届世园会经验，合理分配功能组织，在满足组委会办会要求的前提下，为园艺园林展览提供平台，同时强化游赏体验，丰富空间层次，为后续运营保留适度弹性，统一组织公共空间和展园布局，统筹三大地块相互融合关系，保障会间会后无缝衔接，使之成为世界级园艺博览会建设与后续转换运营的新标杆。

②定位：国际园艺大 PARTY

本届世园会基于省园会的成功建设基础之上，立足于国际层面，放眼未来，在时间尺度与空间尺度上都延展其包容性，呈现出扬州开放包容的姿态，同时以其自身的城市活力带动各参展城市展现自身特色，为世界提供一个和谐共处、和而不同的园艺展会。

2021 年，是中国共产党的 100 岁生日，而扬州立足于该历史机遇，为我党献上一场“生态味儿”十足的园艺盛会，让世界看到中国的繁荣与富强。

（3）会后规划目标与定位

①目标 1：扬州西部地区转型发展的新典范

坚持以生态保护优先、完善生态功能为前提，在青山绿水的大背景之下打好环境牌，以优美的生态环境作为吸引力的首要引擎，继而丰富旅游产品体系，对

家庭生态旅游细分市场进行充分挖掘，打造扬州西部重要的生态发展地区，成为宁镇扬区域都市圈著名的后花园。

②目标 2：宁镇扬区域的国家级旅游度假区

长三角地区经济发达，各类旅游产品丰富，但以家庭为单位，迎合所有家庭成员旅游度假喜好的综合型旅游度假产品仍十分稀缺，市民对于周边精品游的需求日益高涨。本项目将与枣林湾现有项目形成合力之势，协同发展，丰富地区旅游产品体系，完善配套设施建设，打造以家庭旅游为核心的国家级旅游度假区。

③定位：扬州旅游新名片

本项目将与扬州城区现有旅游产品形成错位互补，根植于扬州城市文脉，把握枣林湾生态优势，形成别具一格的生态文化旅游产品，成为扬州旅游的最新代名词。

（4）会展主题

扬州世园会会展主题是“绿色城市・健康生活”。

①放飞・绿色梦想：放飞绿色发展之梦，启动扬州绿色引擎；

②引领・绿色营建：引领绿色建造途径，拼装绿色趣味花园；

③倡导・绿色生活：倡导绿色园艺生活，园艺走入百姓人家。

2. 新建核心展区设计主题与策略

新建核心展区方案设计延续“绿色城市・健康生活”的会展主题，并对其进行细化延展，形成绿色梦想、绿色营建、绿色生活三大策略。

（1）绿色梦想

本设计注重生态、环保、可持续的办会理念。以往有的博览会项目主要注重会期办展效果而忽略了会后的转换利用，使得办会地点或需要重新改造建设，或需要长期的资金投入进行养护，而成为地方政府的累赘，对土地资源、社会资源、财政经济均是巨大的损失。

本设计通过有效衔接会间会后功能转换，在核心景观区（非布展区域）设计上充分满足会后功能使用，中心湖面、亲水平台、观演台地均依照后续运营设想进行布置，设计使用的材质、设计风格、设计要素均与会后项目建筑相统一，会期即可完成会后功能所需的大部分空间，保障了先期建设投入的可持续利用，避免了会后大面积拆除与重复建设。在展园区域的永久性景观和大乔木则避让会后新建建筑和设施的选址，永久性休憩设施尽可能结合会后游线组织，为园区提供服务；在会后新建建筑和设施的选址区域则以临时性装配景观为主，便于会后的拆卸与重复利用。

（2）绿色营造

本设计以装配式景观的设计手段为特色，达到循环利用、会后无废料的建设目的，引领世园会建造的新理念。以往世园会景观多以永久性景观为主，会后难以转换利用为可开发的空间，而会址常常距离城市较远又难以发挥城市公园的功能，使得会后常常存在拆除与二次建设的不必要浪费。

本设计园区公共景观主要以各类模块化景观组件进行拼装，尽可能减少永久性铺装、构筑物的设计，各类模块化组件以工厂加工定制为主，以螺栓、榫卯等形式固定，便于拆装组合，在建设期间可满足快速施工、便于安装的要求，在会后则便于拆卸并更换合适场地进行再次组装，达到可持续利用、减少浪费的目的。

（3）绿色生活

本设计注重健康、有趣的设计手段，为参观游人提供具有参与性和获得感的游览体验。以往世园会项目多以静态观展为主，缺乏参与性和互动性，游人往往会产生强烈的审美疲劳，加之我国各类园博会的大量涌现，使得世园会的吸引力急速下降，游客口碑与评价也大不如前。

本设计在内容上着重强调了游客的参与性与获得感，游人观展不再是走马观花式的打卡游览，而是能够与景观设施进行互动，设计不仅在园内布置了秋千、沙滩、积木等供游人休闲娱乐的活动设施，在园艺展示上更增加了教学、售卖等功能，游人在观展的基础上更能够收获有用的园艺知识、购买到优质的园艺产品，使得本次世园会能够真正地为千家万户带去绿色生活。

3. 新建核心展区景观结构

新建核心展区（东区）景观设计结构布局采用“一轴、两片、多园”的形式。“一轴”，即衔接南北入口景观区的中心湖景观区，包含主题塑石假山“梦幻叠瀑”、林阴台地看台、ICON等景点。“两片”，即中心湖景观区东西两侧的中华园艺展区及世界园艺展区。“多园”，即围绕中华、世界园艺展区组团设置的特色主题景观节点（图5-13）。

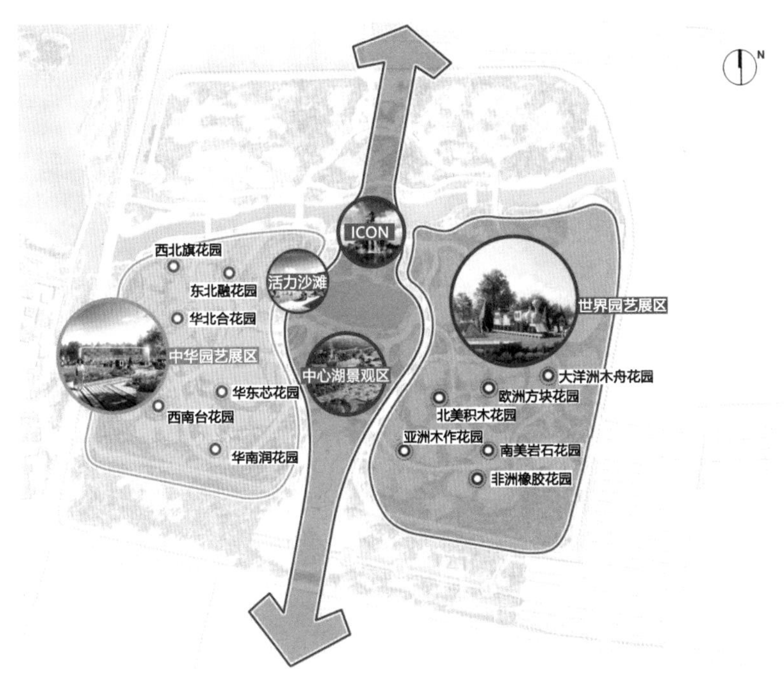

图5-13　新建核心展区景观结构布局图

4. 新建核心展区景观分区

新建核心展区分为中心湖景观区、中华展园景观区、世界展园景观区，形成三大景观分区。

中心湖景观区：围绕中心湖面和梦幻叠瀑展开，设置亲水木平台、休憩廊架、观演台地座椅、景观跌水、活力沙滩等景观设施，并沿中心湖东侧景观带游线布置三个特色展园。

中华展园景观区：围绕6个国内城市展园组团展开，设置6个公共花园，分别是：华东地区代表科技进步和信息技术的芯花园、华北地区代表合院民居和庭院艺术的合花园、西北地区代表红色文化的旗花园、东北地区代表冰雪融化的融花园、华南地区代表湿润多雨气候的润花园、西南地区代表台地花海的台花园。

世界展园景观区：围绕6个世界城市展园组团展开，设置6个公共花园，分别是：亚洲地区代表榫卯结构木作工艺的木作花园，欧洲地区代表乐高积木、俄罗斯方块的游戏方块花园，北美地区代表积木玩具的积木花园，南美洲地区代表石头元素的岩石花园，大洋洲地区代表海船元素的木舟花园，非洲地区代表雕刻和橡胶元素的橡胶花园（图5-14、图5-15）。

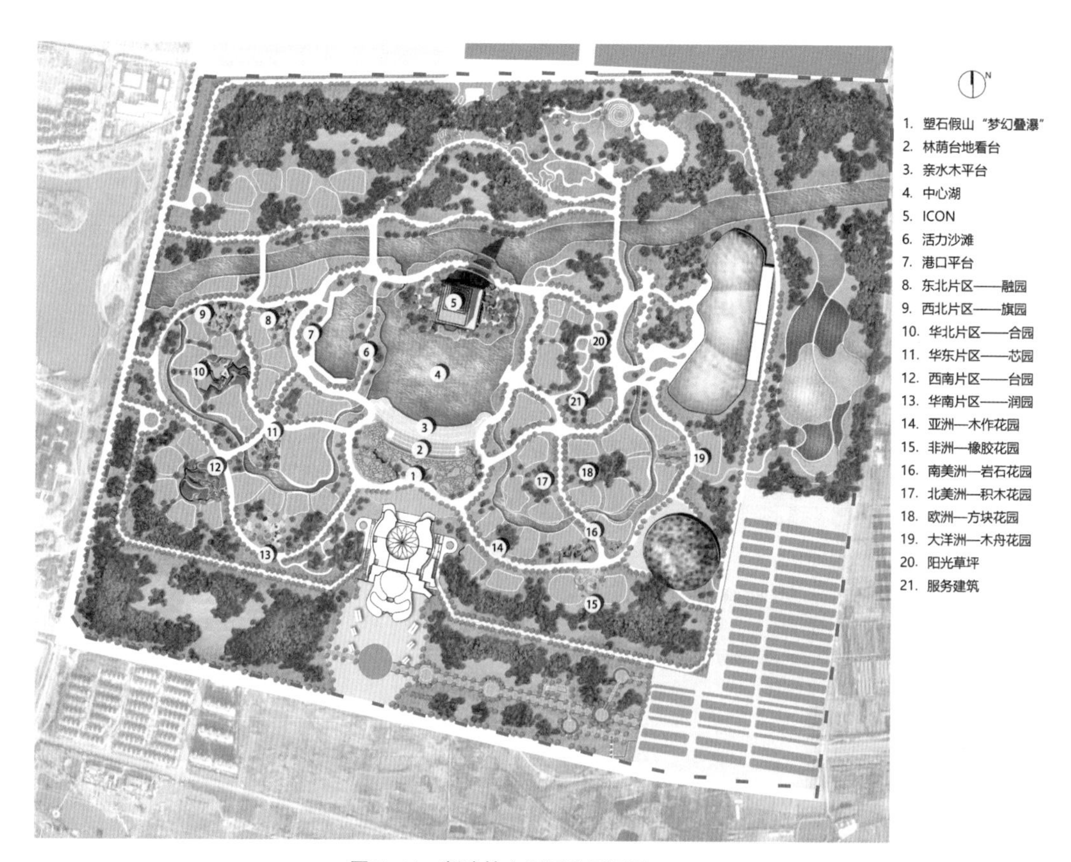

图5-14　新建核心展区总平面图

图 5-15 新建核心展区鸟瞰图

（1）中心湖景观区

考虑到该区域为会后永久保留区域，本设计功能上充分满足会后运营的需求，在风貌上与永久保留的 ICON 保持协调统一。

方案在设计上布置了“梦幻叠瀑”主题塑石假山、亲水木平台、休憩廊架、观演台地座椅、景观跌水、活力沙滩、红船绿雕等景观设施，主要为主办方提供开敞的户外活动空间，为游人提供集中的观演和休憩空间，成为全园的景观核心，也是空间上的高潮部分（图 5-16）。

图 5-16 中心湖区设计平面图与效果图（一）

图 5-16 中心湖区设计平面图与效果图（二）

①梦幻叠瀑

“梦幻叠瀑”景观位于世园会中轴线，是扬州世园会的制高点和标志性建筑，其主体是国内单个体积最大的塑石假山。从世园会东园南入口进入，迎面便可看到一座耸立的高山，呈东西向延伸，连绵山脉气势宏伟，高低错落，令人震撼。山上栽种着绿树，地上铺了草坪，让人仿佛置身山林。在高山的南侧，有水从山顶流下，这便是“梦幻叠瀑”景观。

②红船绿雕

1921 年 7 月底，中国共产党第一次全国代表大会由上海转移到嘉兴南湖一艘画舫上继续举行并闭幕，庄严宣告了中国共产党的诞生。这艘画舫因而获得了一个永载中国革命史册的名字——红船，成为中国革命源头的象征。2021 年恰逢建党 100 周年，世园会中心湖北岸特意设置了一处用草本植物打造的“红船绿雕”。

“红船”用暗红色的花草作为主色调，“窗户”则用绿色的植物点缀，四周摆放了各色鲜花。在鲜花丛中，有一块红船和红旗外形结合起来的解读牌，红底黄字，上面写着“红船精神”四个大字，同时还有对“红船精神”的解读：开天辟地、敢为人先的首创精神，坚定理想、百折不挠的奋斗精神，立党为公、忠诚为民的奉献精神（图 5-17）。

图 5-17 “红船绿雕”设计效果图

（2）国内公共花园

①华东芯花园

中国华东地区经济发达，电子工业、轻工机械占全国主导地位，公共空间设计以园林园艺新技术、新理念、新材料展示为核心，重点展示新型园艺品种及前沿生态技术。利用模块式景观组合形成二维码、电脑键盘、线路板等数码电子元素，整体风貌时尚现代（图 5-18）。

植物配置特色：蓝、紫色花。以蓝紫色系为主，展现简洁明快的整体植物风格，迎合现代科技风的硬质景观。所属植物区系：中国－日本森林植物亚区——华东地区。区系主要乔木品种选择：浙江桂、深山含笑、金叶含笑、紫薇、木槿、秤锤树；区系主要灌木及地被选择：银缕梅、夏蜡梅、锦葵、深蓝鼠尾草、墨西哥鼠尾草、翠芦莉、紫丁香、蓝羊茅、庭菖蒲、鸢尾、百子莲、蛇鞭菊、千屈菜、海桐、杜鹃类、紫荆、蓝雪花、落新妇、时花。

图 5-18 “芯花园”设计平面图与效果图（一）

图 5-18 “芯花园”设计平面图与效果图（二）

②华北合花园

中国华北地区四合院的建筑布局形式是区域特色之一，公共空间设计以园艺品种多样性展示、立体绿化应用为核心，营造竖向空间错落变化的景观空间（图5-19）。

植物配置特色：红色植物。以红色系植物（红花、红果、红叶、红枝）为特色，结合硬质景观，营造如四合院般冬日阳光充足、夏日绿树茵茵的上层植物环境。所属植物区系：中国－日本森林植物亚区——华北地区。区系主要乔木品种选择：银杏、合欢、国槐、红花刺槐、栾树、黄连木、红花槐、合欢、红果冬青、红叶李、八棱海棠、西府海棠；区系主要灌木及地被选择：紫叶风箱果等紫叶红叶类灌木、红王子锦带花、红花木、红叶石楠、牡丹、现代月季、石榴、红千层、红叶桃、火星花、百日草、大丽花、一品红、一串红、时花。

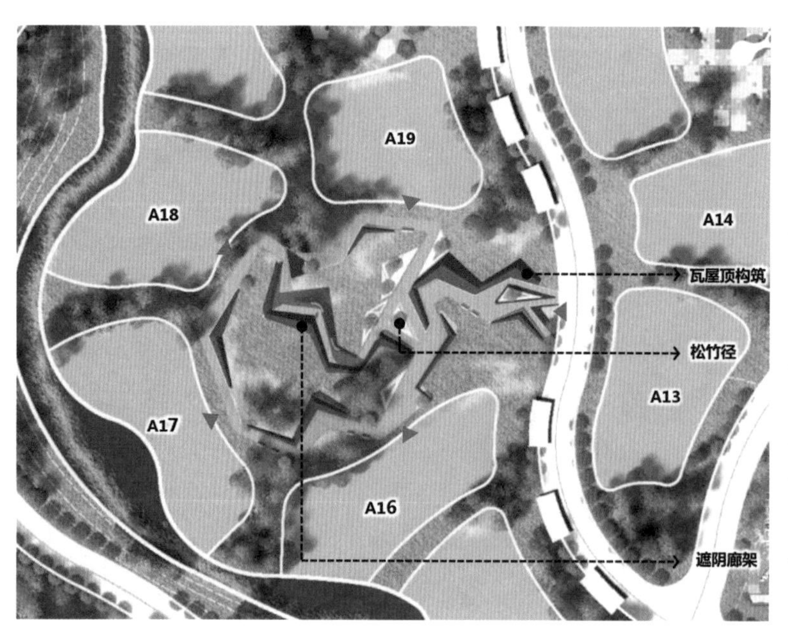

图 5-19 “合花园”设计平面图与效果图（一）

图 5-19 “合花园”设计平面图与效果图（二）

③西北旗花园

中国西北地区是红色文化燎原的革命老区，公共景观设计以沙生、旱生、高抗性园艺品种展示为核心，结合生态治理与修复技术展示。设计以红色文化、沙漠覆绿为切入点，营造具有时代感的空间环境（图 5-20）。

植物配置特色：黄花植物＋金叶类植物。以开黄花的植物搭配景观设计红色元素，红黄配的国旗颜色突出革命圣地的红色文化（图 5-21）。所属植物区系：中国－日本森林植物亚区——西北地区。区系主要乔木品种选择：侧柏、旱柳、榆、核桃、臭椿、国槐、丝棉木、柽柳、枣树、金枝槐、金叶榆、丹桂；区系主要灌木及地被选择：金叶类灌木、毛核木、伞房决明、沙地柏、棣棠、迎春、金丝桃、金丝梅、萱草、黄金菊、金雀儿、素馨、枸杞、连翘、美人蕉、马蔺、黄色时花。

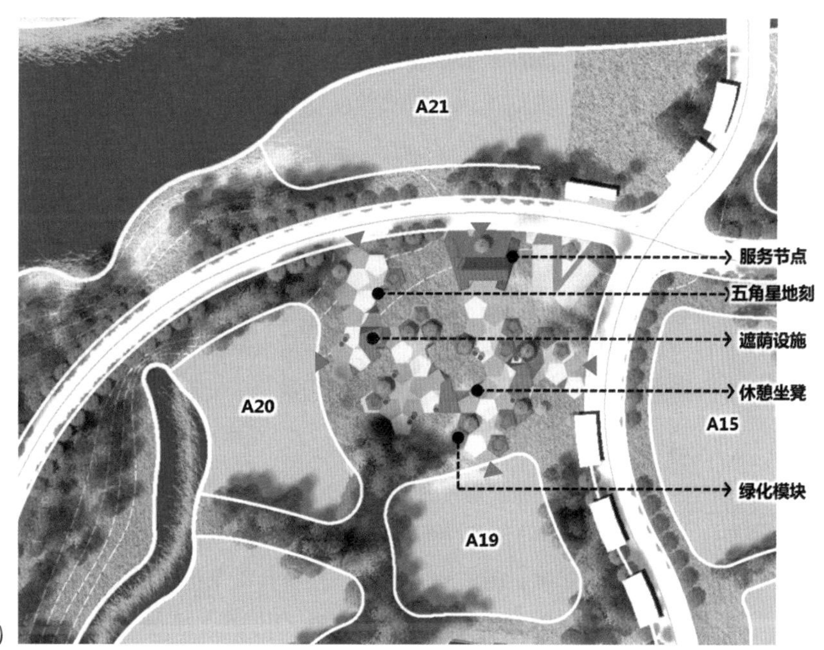

图 5-20 “旗花园”设计平面图与效果图（一）

图 5-20 “旗花园”设计平面图与效果图（二）

图 5-21 “100 周年绿雕”设计效果图

④东北融花园

中国东北地区冰雪资源丰沛，公共空间设计宜展示春季融雪、万物复苏的风貌意境，结合展示园艺品种多样性及生态工法应用。利用艺术拼图元素组合形成相互咬合的景观场地，同时将融雪、冰晶等东北雪乡元素进行艺术化展现（图 5-22）。

植物配置特色：银白色植物。利用纯净植物景观模拟雪乡风貌，多使用银白色系植物，突出“冰雪融化”主题。所属植物区系：中国－日本森林植物亚区——东北地区。类似区系主要乔木品种选择：湿地松、香榧、赤松、白蜡、白玉兰、臭椿、水蜡；区系主要灌木及地被选择：栀子花、六月雪、木本绣球、天目琼花、糯米条、荚蒾、接骨木、红瑞木、风箱果、银露梅、柳叶绣线菊、栀子花、大花溲疏、喷雪花、时花。

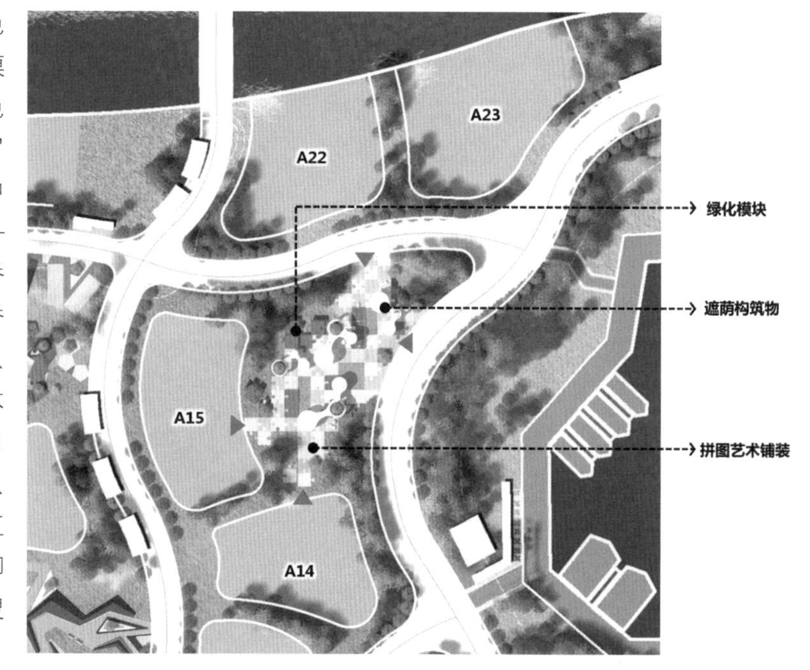

图 5-22 “融花园”设计平面图与效果图

⑤华南润花园

中国华南地区湿润多雨，公共设计以展示城市园艺物种多样性、生态技术手段为核心，体现具有前沿现代感的生态艺术（图 5-23）。

植物配置特色：多彩花卉＋大叶植物。以扬州地区适生的大叶片亚热带植物搭配色彩绚丽、形态各异的亚热带花草体现华南地区物产林木的丰饶。所属植物区系：中国－日本森林植物亚区——华南地区。区系主要乔木品种选择：重阳木、布迪椰子、加纳利海枣、木荷、女贞、木本蕨类、苏铁、山茶、含笑；区系主要灌木及地被选择：海桐、八角金盘、云南黄馨、桃叶珊瑚、金山绣线菊、红花六月雪、锦带花、夏鹃、紫叶鸭跖草、肾蕨、一叶兰、红千层、石菖蒲、朱顶红、醉蝶花、百子莲、八仙花、楼斗菜、香彩雀、时花。

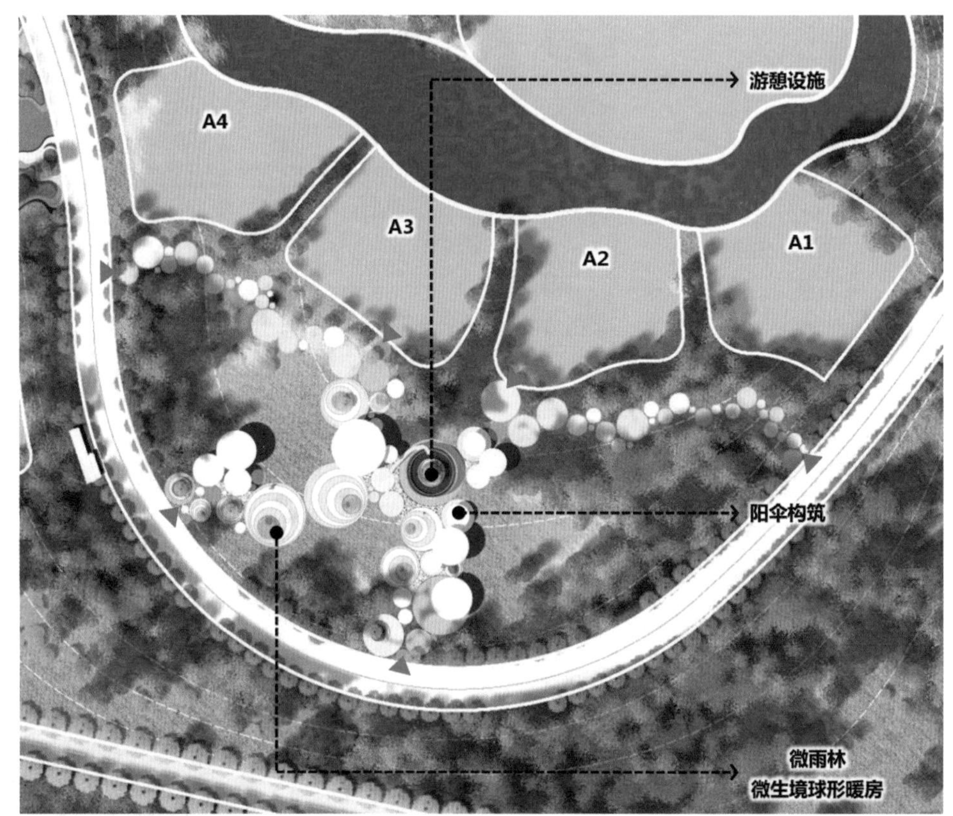

图 5-23 “润花园”设计平面图与效果图

⑥西南台花园

中国西南地区地形地貌丰富多变，公共空间设计宜营造多样的竖向变化，抽象展现自然地景，展示西南地区园艺品种及生态工法的应用（图 5-24）。

植物配置特色：粉色花卉。结合台地地形，种植各类观赏草花，营造一个粉色系的，具有科普和观赏价值的西南梯田花园。所属植物区系：中国 - 日本森林植物亚区——滇、黔、贵地区。区系主要乔木：鹅掌楸、柏木、糙叶树、美人茶、晚樱、大花六道木、木芙蓉、木槿；区系主要灌木及地被选择：孝顺竹、猥实、粉花溲疏、八角金盘、三角梅（粉色）、云南黄馨、钓钟柳、醉蝶花、美丽月见草、长春花、月季（粉色）、美女樱（粉色）、石竹（粉色）、紫娇花、松果菊、荷包牡丹、时花。

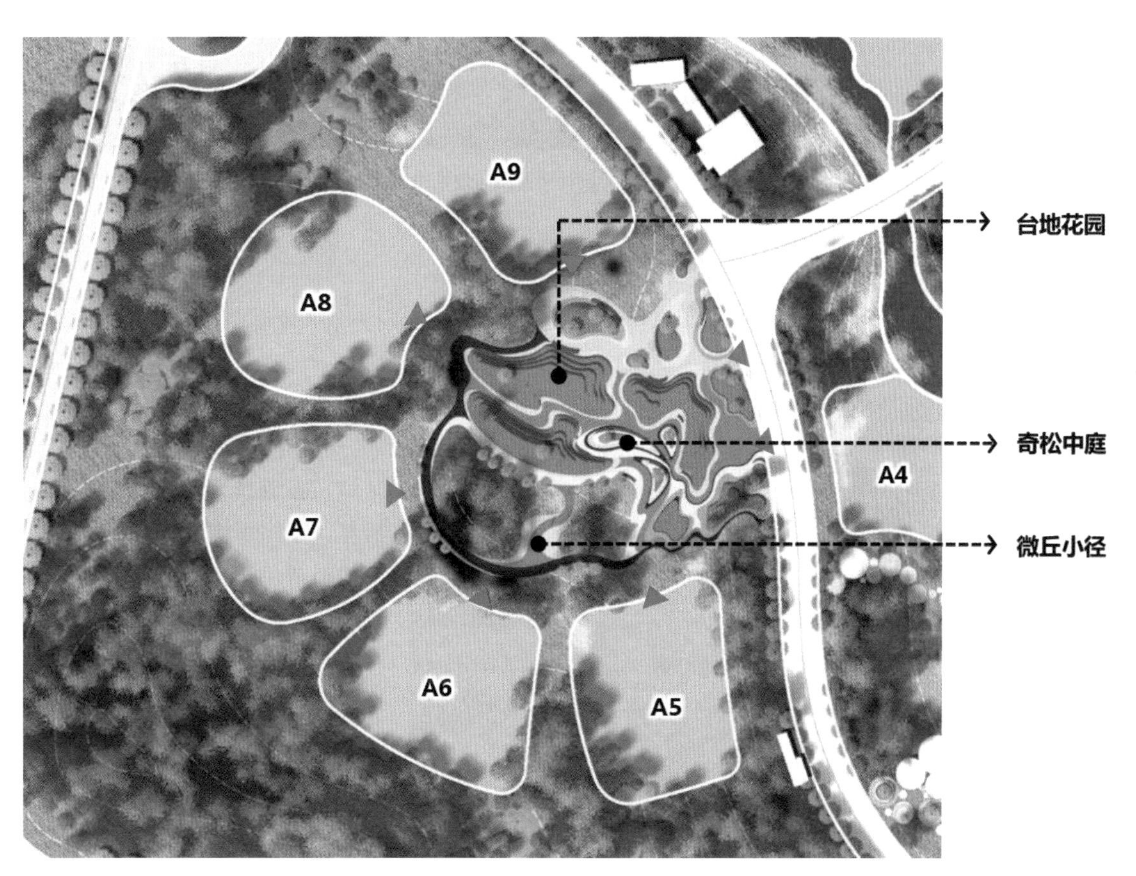

图 5-24 “台花园”设计平面图与效果图（一）

图 5-24 “台花园”设计平面图与效果图（二）

（3）国外公共花园

①亚洲木作花园

亚洲的古典园林建筑、家具多以木材和竹材为主，其榫卯结构和编织工艺是世界上最为珍贵的人类技巧之一。展园设计以“木”为元素，结合城市特色园艺植物，向游人展示“木作”技艺的智慧与美感（图 5-25）。

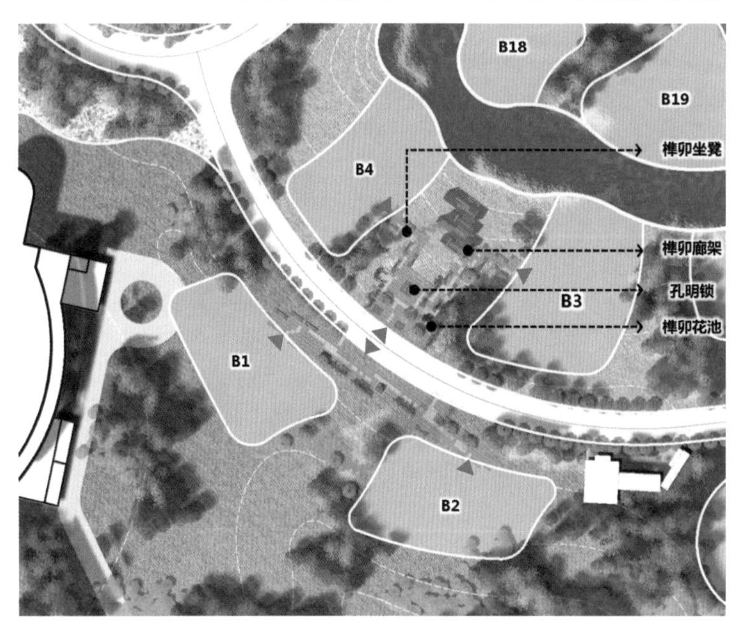

图 5-25 “木作花园”设计平面图与效果图（一）

植物配置特色：造型树＋大花型。吸取景观设计榫卯结构的灵感，整体植物环境体现古典园林的情趣与精致，表现东方审美意境。所属植物区系：泛北极植物区－东亚植物区。区系主要乔木品种选择：光皮木、广玉兰、金钱松、红玉兰、金桂、丹桂、竹、梅、鸡爪槭、枇杷、造型罗汉松、造型油松、五针松、造型白蜡等；区系主要灌木及地被选择：菊花、芍药、大花月季（多色）、绣球花、杜鹃类、细叶麦冬、中华常春藤、八仙花、圆锥绣球、时花。

图 5-25 “木作花园”设计平面图与效果图（二）

②欧洲方块花园

源于欧洲的乐高积木、俄罗斯方块等游戏元素风靡世界，其多彩的外观、独特的方块组合出多样的变化，受到全世界广泛喜爱，方块亦是欧洲园林的基本形式。展园设计以拼装组合的方块为基本元素，结合欧洲经典油画，为游人营造有趣的“多彩花园”（图 5-26）。

植物配置特色：彩叶植物（红、银色、灰色、金色、紫色、黄色）。以细腻精致的多彩花卉展示为主，迎合硬质景观的多彩氛围，体现欧洲园林精致美感。所属植物区系：泛北极植物区－欧洲－西伯利亚植物区。区系主要乔木品种选择：欧洲椴、红花七叶树、南京椴、黄金树、刺楸、金叶梓树、法桐、蓝冰柏、红果冬青、红枫、紫叶矮樱等；区系主要灌木及地被选择：红花木、金枝槐、金叶假连翘、水果蓝、火焰南天竹、雪叶莲、银边翠、芙蓉菊、绵毛水苏、矾根、银叶菊、花叶玉簪、地中海荚、花叶蔓长春、薰衣草、柳叶马鞭草、玫瑰、欧洲月季、风信子、紫罗兰、鸢尾、花菖蒲、观赏草、迷迭香、矢车菊、时花。

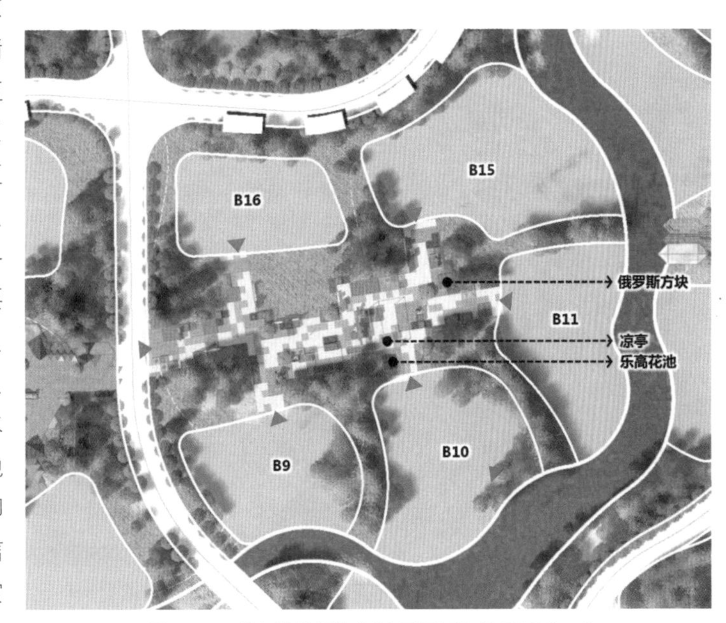

图 5-26 “方块花园”设计平面图与效果图（一）

图 5-26 “方块花园”设计平面图与效果图（二）

③北美洲积木花园

起源于北美的积木风靡全球，是当代最受人们喜爱的玩具之一。展园设计以“积木”为核心概念，设计一处可让游人深度参与并进行搭建的花园（图 5-27）。

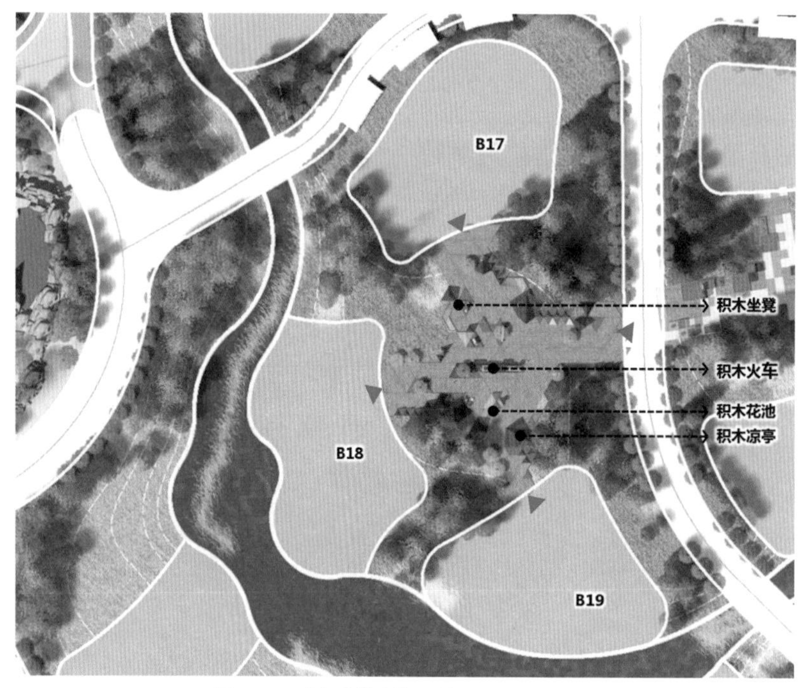

图 5-27 “积木花园”设计平面图与效果图（一）

植物配置特色：整形植物 + 花境。迎合积木花园的童趣氛围，整形树、整形灌木和绿篱配合花境打造趣味性花园。所属植物区系：泛北极植物区 - 北美植物区。区系主要乔木：广玉兰、北美鹅掌楸、北美枫香、娜塔栎、柳叶栎；区系主要灌木及地被选择：红瑞木、南天竹、火棘、枸骨、北美冬青、观赏草。

图 5-27 “积木花园”设计平面图与效果图（二）

④南美洲岩石花园

南美洲展区节点设计以“石头”为核心概念，以石笼墙为基本种植模块，围合成连续流动的展览空间，石笼墙上镶嵌种植单元，以立体绿化为主，展现南美洲风情（图 5-28）。

植物配置特色：碎花 + 生命力强的岩生植物。周边以高大杉科营造雨林般茂密植物环境，于林下空间以顽强生命力的小花型植物打造精美岩石花园。所属植物区系：新热带植物区。类似区系主要乔木品种选择：落羽杉、中山杉、南酸枣；区系主要灌木及地被选择：西伯利亚牛舌草、大吴风草、勿忘我、吉普赛满天星（白色、玫红色）、金叶过路黄、大花葱、丛生福禄考、细叶美女樱、酢浆草（红花、白花、紫叶）、石竹类、太阳花、萼距花、六月雪、时花。

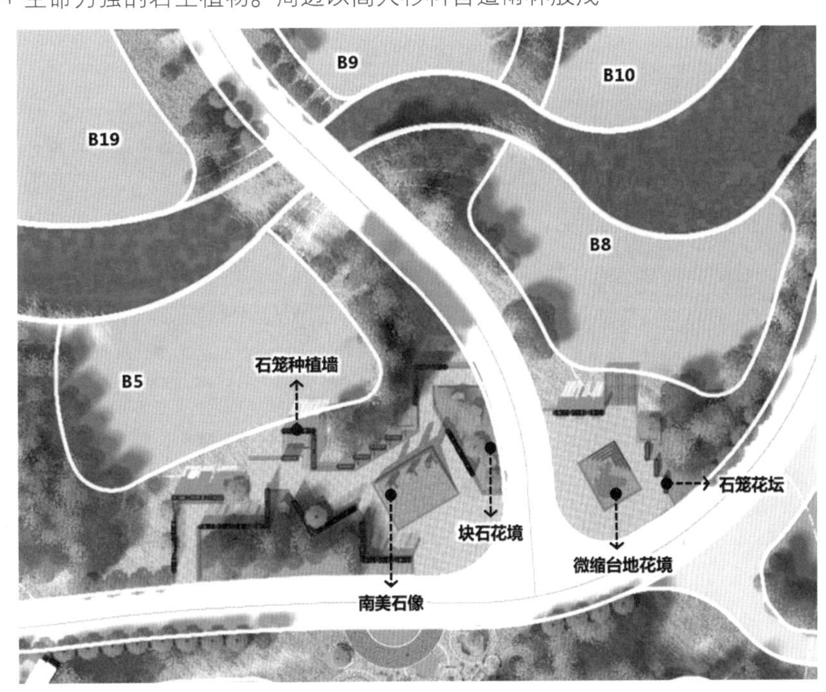

图 5-28 “岩石花园”设计平面图与效果图（一）

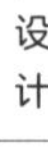

图 5-28 “岩石花园”设计平面图与效果图（二）

⑤大洋洲木舟花园

大洋洲展区节点设计以“木舟”为核心概念，通过船型铺装、种植池、座椅以及廊架，模拟大洋洲特色的帆船码头景观风貌，突出大洋洲与大海的关系，组合各类船体要素配置相应的植物（图 5-29）。

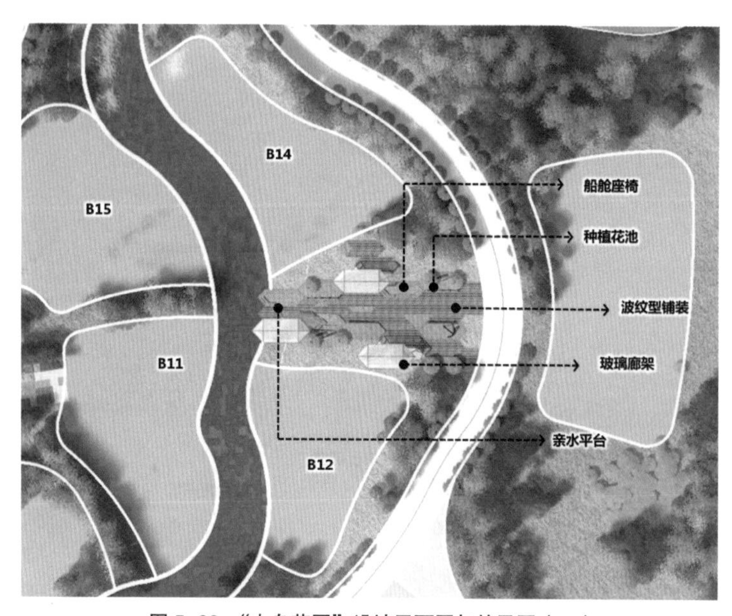

图 5-29 “木舟花园”设计平面图与效果图（一）

植物配置特色：爬藤地被 + 蓝色花。用蓝色花卉模拟海水波纹，取藤蔓地被覆盖陆地，展示“被海洋环绕的陆地”的观感。所属植物区系：澳洲植物区。区系主要乔木品种选择：重阳木、麻栎、金合欢、广玉兰、桉树、南洋杉；区系主要灌木及地被选择：松红梅、红千层、毛地黄、倒挂金钟、粉花随意草、金银花、花叶活血丹、常春藤、蔓长春、络石（花叶、黄金）、茑萝、一串蓝、荆芥、桔梗、蓝铃花、穗花婆婆纳、六倍利、紫露草、鸢尾、蓝花鼠尾草、矮牵牛、时花。

图 5-29 “木舟花园”设计平面图与效果图（二）

⑥非洲橡胶花园

非洲作为橡胶生产大洲，公共空间设计以橡胶制品结合非洲特色园艺呈现，同时融入非洲土著的图腾、草原动物等特色鲜明的元素，向游人展示非洲的独特魅力（图 5-30）。

植物配置特色：沙生旱生植物＋带刺植物。上层选用枝干苍劲有力的小叶片植物，给花园留下充分的光照，下层选用沙生、旱生地被，打造一处充满非洲风情的枯干生命花园。所属植物区系：古热带植物区。类似区系主要乔木品种选择：珊瑚朴、黄檀、皂角树、榔榆、合欢；区系主要灌木及地被选择：枸橘、枸骨、百子莲、仙人掌、虎刺梅、凤尾兰、霸王鞭、紫叶小檗、丝兰、非洲菊、佛甲草、景天类、血草、多肉植物、向日葵、时花。

图 5-30 “橡胶花园”设计平面图与效果图（一）

图 5-30 “橡胶花园”设计平面图与效果图（二）

5. 新建核心展区内展馆展园赏析

本届世园会共有 51 个国内外城市、组织参展，其中国内 26 个、国外 25 个，加上江苏省 13 个设区市，合计 64 个展园。其中，包括 20 个国内城市展园、6 个国内企业展园、16 个国外城市展园、7 个国际组织展园和 2 个大师展园。行走在园区当中，就如同行走在不同国家和地区的城市之间，这些展园除了有精美巧妙的园林设计，还有别具一格的风俗文化，美轮美奂，令人目不暇接。本节将展示部分展馆和展园的精美实景照片（图 5-31）。

图 5-31 世园会东区展馆展园实景图（一）

图 5-31　世园会东区展馆展园实景图（二）

图 5-31　世园会东区展馆展园实景图（三）

图 5-31　世园会东区展馆展园实景图（四）

图 5-31　世园会东区展馆展园实景图（五）

第六章

匠心独运：扬州世园会深化设计

扬州世园会西区是原第十届江苏省园艺博览会主会场，整体改造为扬州世园会江苏园，这部分充分展现了江南地域特色，但基本已建成，故本书不做详细介绍。本书研究对象为新建核心展区（世园会东区），本区块的公共景观初步设计由江苏省城市规划设计研究院担纲，项目总承包单位为中国五冶集团有限公司，本书第二作者陈波博士受总承包单位的邀请担任本项目的首席景观专家，指导了项目深化设计和施工过程，本书其他作者跟随导师参与了世园会核心区公共景观的深化设计，并负责深入研究了核心展区公共景观应如何体现“四色江南”地域特色。需要特别说明的是，由于深化设计图纸内容过于庞大，本章仅展示深化设计阶段前期的优化方案平面图、效果图和意向图，CAD 图纸从略。

第一节　主题演绎

新建核心展区公共景观深化设计在初步设计方案的基础上，着重凸显了“江南风情·扬州特色”，并对其中的自然与文化景观要素进行细化延展，在山水景观设计、植物专类园设计、公共花园设计、活动策划等方面进行体现（表 6-1）。

表 6-1　扬州世园会核心展区公共景观深化设计主题演绎

主题		景区 / 景点	内容演绎
四色江南风情	红色	旗园	以上海中共一大会址为代表的红色足迹景观再现
	黄色	梦幻叠瀑	以安徽黄山为意象的大型塑石假山与瀑布
	蓝色	中心湖西区	以江苏太湖为蓝本的大型景观湖泊
	绿色	百草园	以浙江山水文化滋养下的五行保健思想为理念的药用植物园
扬州特色	市花市树	扬州印象花园	以扬州琼花和银杏为主题的市花市树园
	《扬州画舫录》	主题活动	从古籍中查询关于扬州传统生活场景的描述，结合世博园及周边空间条件策划特色主题活动

第二节　场地分析

基地周边建筑风貌与环境较为协调，少数建筑不协调，基地内部均已清除现状村庄；农田以小面积菜地为主，大多分布在原有村落周边，无基本农田分布；基地内部水系分布不均，多为坑塘、沟渠；基地现状植被有少量的林地和果园，沿沟渠有水杉和杨树，局部植物长势较为杂乱，无生态红线分布（图 6-1、图 6-2）。

图 6-1　扬州世园会基地现状分析图

图 6-2　扬州世园会基地现状鸟瞰图

基地整体竖向南北高，中间低，枣林河从基地内部穿过，是区域重要的排涝河道，汛期水位有较大浮动。世园会新建核心展区南部场地高程最高处约为 30m，位于枣林路与汉金大道交叉口，最低处位于枣林河，现状水位约为 14.5m。核心展区范围内现有两道拦水坝，会期均考虑拆除重建。

江南特色的世园会景观设计在场地分析上注重顺势而为，地处江南地区会场选址多半拥有较好的天然条件，首先在尊重场地原始条件的前提下，园内竖向设计充分依托现状，构建多级水系，并营造缓坡地形，特色展区区域场地基本平整，竖向设计最大程度上减少土方挖填。然后梳理水源，结合场地西侧的江苏省园博园，延续可利用的水资源和植物资源，充分考虑东西两大园区的衔接关系，总体形成“一轴、两脉、五心、八片区”的空间结构。

第三节　空间布局

在体现展会主题和尊重场地现状的基础上，进行空间布局，江南特色园林景观的空间布局重在营造山水自然之境，核心展区初步景观设计方案中确定的结构布局采用“一轴、两片、多园”的形式。“一轴”，即衔接南北入口景观区的中心湖景观区，包含主题塑石假山“梦幻叠瀑”、林阴台地看台、ICON 等景点。“两片”，即中心湖景观区东西两侧的中华园艺展区及世界园艺展区。“多园”，即围绕中华、世界园艺展区组团设置的特色主题景观节点（图 6-3）。

图 6-3　核心展区景观结构图

中心湖景观区：围绕中心湖面和梦幻叠瀑展开，设置亲水木平台、休憩廊架、观演台地座椅、景观跌水、活力沙滩等景观设施。

中华展园景观区：包括 6 个公共花园，分别是芯花园、合花园、旗花园、融花园、润花园和台花园。

世界展园景观区：包括 6 个公共花园，分别是：木作花园、方块花园、积木花园、岩石花园、木舟花园和橡胶花园（图 6-4、图 6-5）。

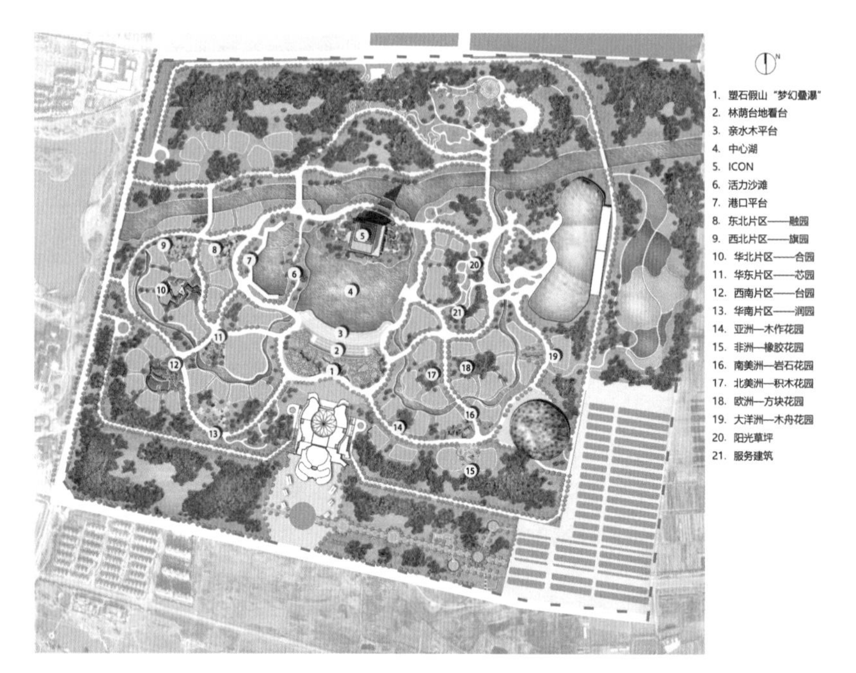

图 6-4　扬州世园会新建核心展区总平面图

图 6-5　扬州世园会新建核心展区鸟瞰图

第四节　要素营造与文化植入

江南是园林园艺胜地，扬州园林是江南古典园林的瑰宝，世园会落地江南、花开扬州，条件得天独厚。核心展区深化设计通过园艺植物、园林景观、建筑构筑物等有机结合，科学、艺术地设计了既有“四色江南”风情，又具有扬州地域特色，还富有时代气息的世博园。

一、“红色江南”——旗园深化设计

设计主题：中国共产党100年光辉历程——红色足迹。

设计理念：充分挖掘、体现红色文化，以中国上海一大会址为代表的红色足迹景观再现，打造为中国共产党成立100周年献礼主题园。

设计分区与具体内容见表6-2。

表6-2　扬州世园会核心展区旗园深化设计分区

区块主题	含义	表现内容
建国创业	党的第一代领导集体	①红星向党：向日葵花田； ②红色圣地：上海一大会址、江西井冈山、江西瑞金、贵州遵义、陕西延安、河北西柏坡
改革开放	党的第二代领导集体	①希望田野：安徽凤阳小岗村家庭联产承包责任制； ②春潮滚滚：深圳、厦门等经济特区
与时俱进	党的第三代领导集体	①“一国两制”：香港、澳门特别行政区； ②跨越世纪：圆形日晷
科学发展	党的第四代领导集体	①众志成城：汶川大地震； ②圆梦奥运：2008年北京奥运会
伟大复兴	党的第五代领导集体	①绿水青山：绿水青山就是金山银山； ②一带一路：“丝绸之路经济带”和“21世纪海上丝绸之路”

设计方案见图6-6～图6-13。

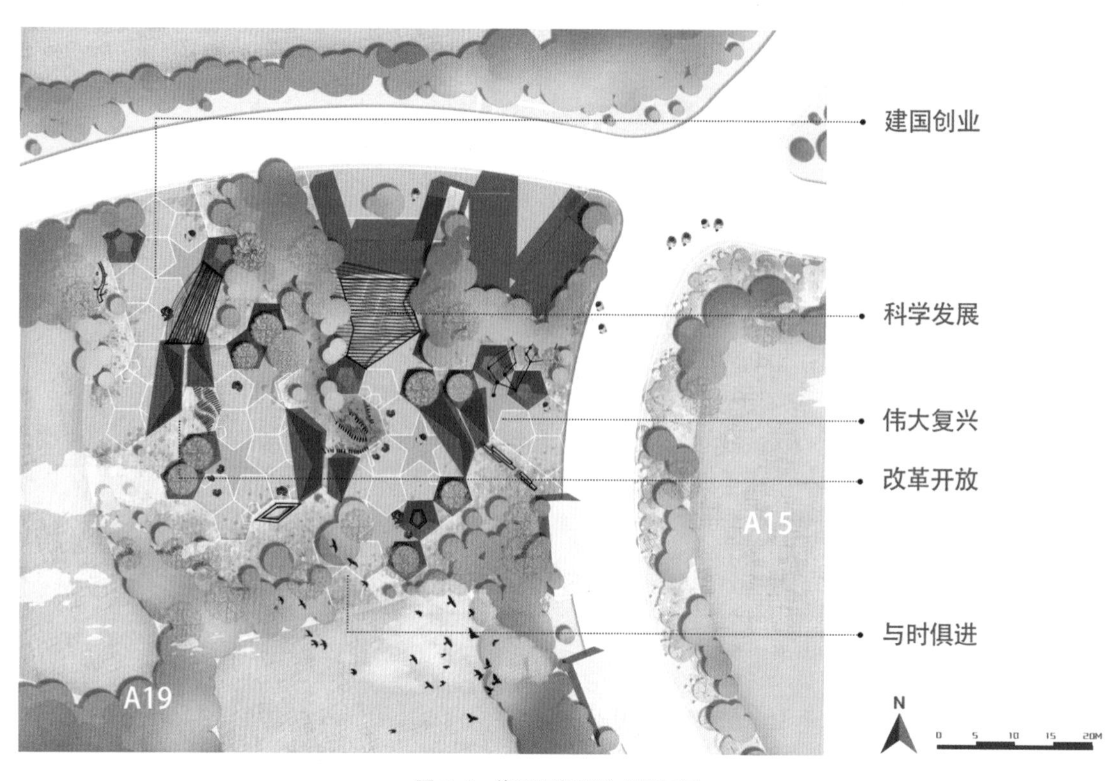

图 6-6　旗园深化设计总平面图

图 6-7　旗园“建国创业”区块节点一设计

红色圣地——上方为各红色圣地地标图片，以彩带从中心向四周成放射状。下方设置五块石头雕刻的圣地地标：上海一大会址、井冈山会师、瑞金临时中央政府、遵义会议会址、延安宝塔山、河北西柏坡五大书记像。

图 6-8 旗园“建国创业”区块节点二设计

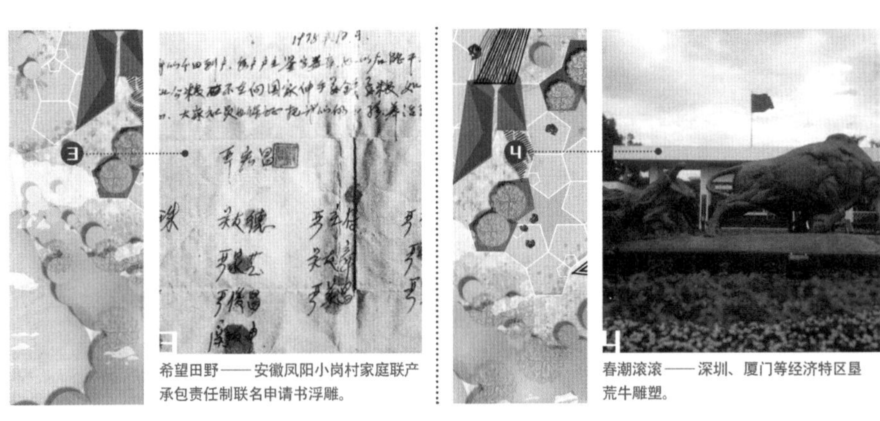

希望田野——安徽凤阳小岗村家庭联产承包责任制联名申请书浮雕。

春潮滚滚——深圳、厦门等经济特区垦荒牛雕塑。

图 6-9 旗园“改革开放”区块节点一、二设计

“一国两制”——香港、澳门特别行政区区花植物雕塑

图 6-10 旗园“与时俱进”区块节点一设计

图 6-11　旗园“与时俱进”节点二设计

图 6-12　旗园“科学发展”区块节点一、二设计

图 6-13　旗园“伟大复兴”区块节点一、二设计

二、“黄色江南”——梦幻叠瀑深化设计

深化设计以安徽黄山为意象，在世园会中轴线上设计布置了“梦幻叠瀑”主题塑石假山，成为扬州世园会的制高点和标志性景观。“梦幻叠瀑”景观位于扬州世园会东园南入口，呈东西向延伸，气势宏伟，高低错落，大型瀑布悬挂在山的南侧，令人震撼。

“梦幻叠瀑”景观中的山脉占地面积约 8000m^2，采用了塑石假山工艺，结合自然地形和后期绿化，形成叠水瀑布景观。整个假山主体钢结构 2800t，山体塑石面积 30000m^2，主体结构长 215m，宽 72m，瀑布宽约 60m，中间高度约为 15m，两侧山石、绿化总高度为 18m 左右，相当于六层楼高。

为了保证梦幻叠瀑的气势效果，结合传统造园理念，设置了多处空间转换，形成优美的视觉效果，呈现出了徽州自然山水的风貌（图 6-14、图 6-15）。“梦幻叠瀑”景观的核心在于“型、纹、色”的生动体现。“型”是指假山的山形；“纹”是指表面的纹理；“色”是指面层的石色和植物色彩，呈现出如同真山一样的逼真效果。

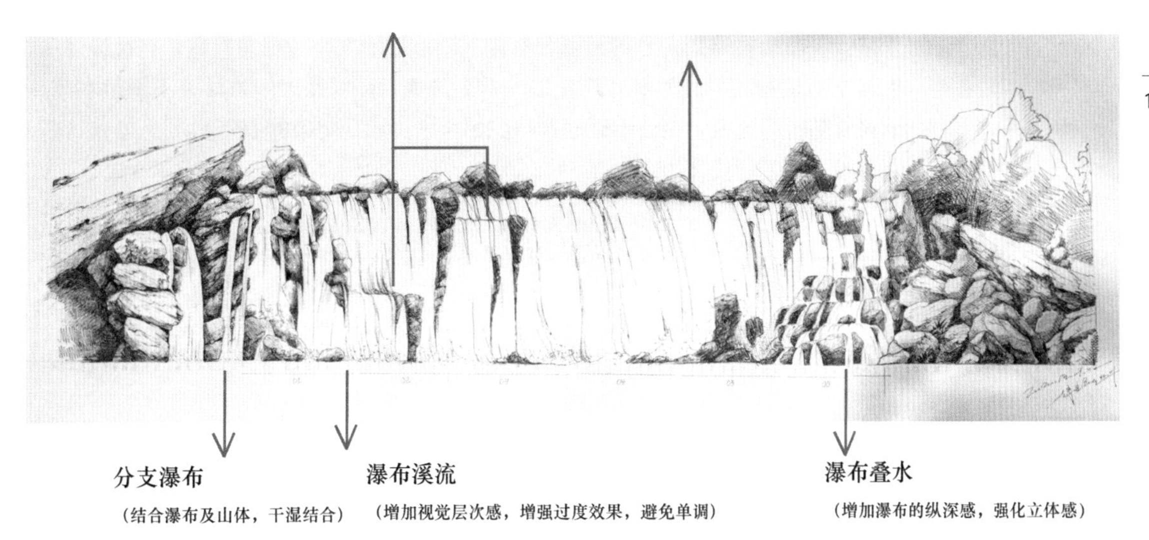

图 6-14 “梦幻叠瀑”水口方案深化设计图

图 6-15 “梦幻叠瀑”深化设计效果图

三、“蓝色江南”——中心湖西区深化设计

设计主题：以江苏太湖为蓝本，打造兼具活力趣味性和宜人观赏性的互动滨水景观。

设计理念：水行物语，从景观与文化切入，通过主体行进中的观、游、感，使得人、水二者得到充分的互动，具体从两条线出发：①空间方面，在行进途中，人与水以植物、小品为媒介产生的一系列碰撞互动；②时间方面，不同滨水节点诉说着随时间流逝，由往昔砥砺前行到如今一片和平繁荣的故事。

设计分区与具体内容见表 6-3。

表 6-3 扬州世园会核心展区中心湖西区深化设计分区

区块主题	含义	表现内容
碕湾忆湖	太湖历史发展的轨迹	①奠基时期：六朝以前，太湖是中华民族独立发展的摇篮之一； ②发展期：至隋唐，太湖随着经济重心南移以及多元文化碰撞迎来快速发展； ③高峰期：至明清，太湖不仅利于农业发展，还带动商品经济发展，使得社会经济达到高峰
跃动沙洲	滨水沙洲景观	①活力沙滩：人与自然的互动； ②滨水生态群落塑造：为鸟类提供迁徙生境； ③湿地净水展示与科普

设计方案见图 6-16 ~ 图 6-20。

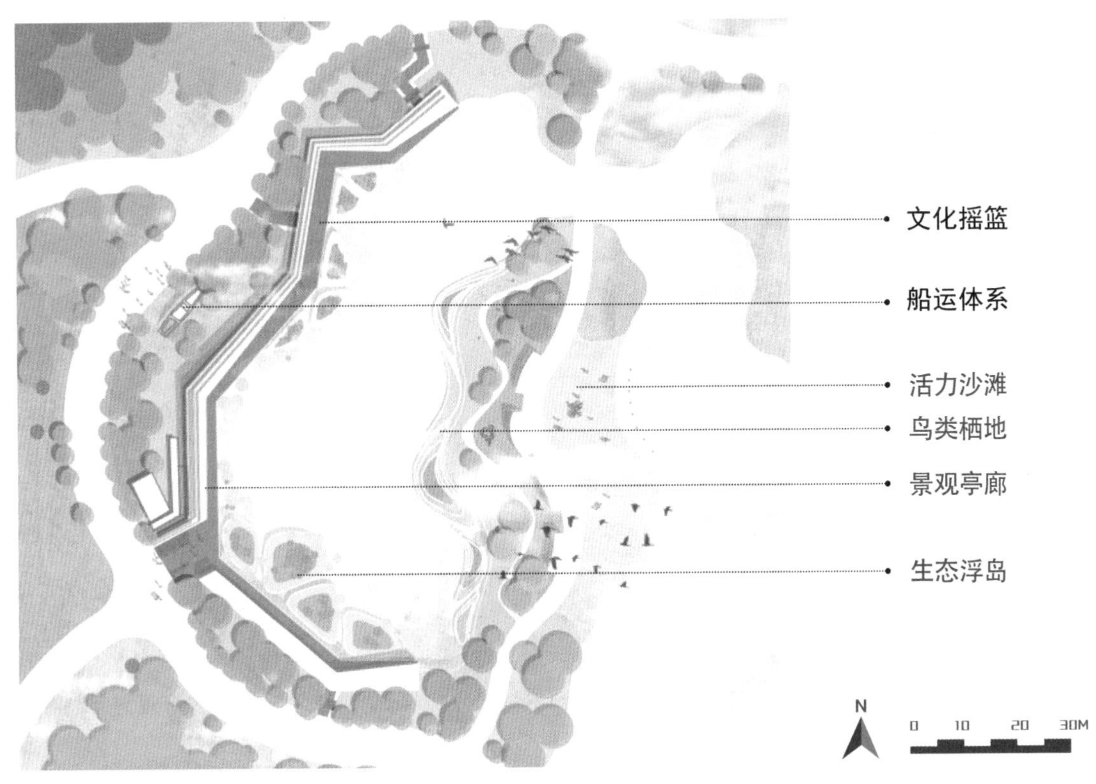

图 6-16　中心湖西区深化设计总平面图

奠基时期：太湖地区肇始于新石器时期，4000年前就有国家的雏形，是中华民族独立发展的摇篮之一。设计水岸平台寓意文化摇篮。

图 6-17　中心湖西区“碕湾忆湖”区块节点一

图 6-18　中心湖西区“碕湾忆湖”区块节点二、三

图 6-19　中心湖西区“跃动沙洲”区块节点一、二

图 6-20　中心湖西区“跃动沙洲”区块节点三

四、“绿色江南”——百草园深化设计

张景岳（1563～1640），浙江山阴（今绍兴）人，明代杰出医学家，温补学派的代表人物和创始者。在中医发展史上，张景岳可以说是医易思想的集大成者，他对传统的五行学说有着重要贡献。张景岳的五行思想主要反映在其《五行生产数解》与《五行统论》两篇文章中，同时也散见于《气数统论》《阴阳体象》《医易义》等文中。

五行学说认为，宇宙自然是由“木、火、土、金、水”五种要素相生、相克衍生变化所构成，随着这五个要素的盛衰，使得宇宙与大自然产生变化。在中医学基本理论中，五行被用来解释人体内脏之间的相互关系、内脏组织器官的属性、运动变化及个体与外界环境的关系（表6-4）。在园林景观设计中，主要通过场地方位的布局、药用植物的配置等方面进行表现。当人体、自然的五行属性相互协调，才能达到园林保健的目的。

表6-4　五行属性对照表

人体					五行	自然界				
五脏	五腑	五感	五志	五官		五味	五色	五气	五方	五季
肺	大肠	闻	忧	鼻	金	辛	白	燥	西	秋
肝	胆	看	怒	目	木	酸	青	风	东	春
肾	膀胱	听	恐	耳	水	咸	黑	寒	北	冬
心	小肠	触	喜	舌	火	苦	红	暑	南	夏
脾	胃	尝	思	口	土	甘	黄	湿	中	长夏

扬州世园会核心展区公共景观西南片区的百草园，就是以浙江明代名医张景岳在山水文化滋养下提出的五行保健思想为理念设计的药用植物园，在园林景观配置中注入了五行学说和中医调和之精要。百草园利用药用植物的药学特性，根据我国传统的五行原理，对应传统中医理论进行配置。针对养肾、健脾、保肝、强心、清肺的不同疗效形成有针对性的养生康复区域，使中医传统医药文化能在此发扬光大，对目前抗击新冠疫情也具有一定的功能价值。百草园将五行中的水、土、木、火、金根据对应的五脏分别设计成五个园子：固肾园、健脾园、舒肝园、强心园和清肺园，并通过乔灌木和地被等植物搭配起到养生保健的作用（表6-5、图6-21）。

表 6-5 扬州世园会核心展区百草园五行养生植物一览表

五行	五脏	植物类型	主要植物种类
水	固肾园	乔木	山核桃、构树、杜仲
		灌木	乌药、金樱子、紫荆
		藤本	何首乌、威灵仙、天葵、木防己、南五味子、紫藤
		地被	百蕊草、细辛、荞麦、萹蓄、商陆、天葵、淫羊藿
土	健脾园	乔木	槐树、侧柏、山楂
		灌木	女贞、刺五加、芍药、梅花、火棘
		藤本	秤钩风、地锦、白蔹
		地被	茜草、当归、三七、白芨、决明、半夏
木	舒肝园	乔木	杜仲、桂花、红豆杉
		灌木	六月雪、栀子、芍药、牡丹、木芙蓉
		地被	桔梗、百合、石蒜、石菖蒲、白花蛇舌草、天门冬
火	强心园	乔木	银杏、侧柏、垂柳
		灌木	木槿、牡丹、胡枝子、连翘、栀子
		地被	麦冬、石菖蒲、白花蛇舌草、落葵、鸡冠花、百合
金	清肺园	乔木	月桂、垂柳、枫杨
		灌木	蜡梅、紫玉兰、南天竹
		地被	桔梗、艾、芸香草、马兜铃、麦冬、姜花

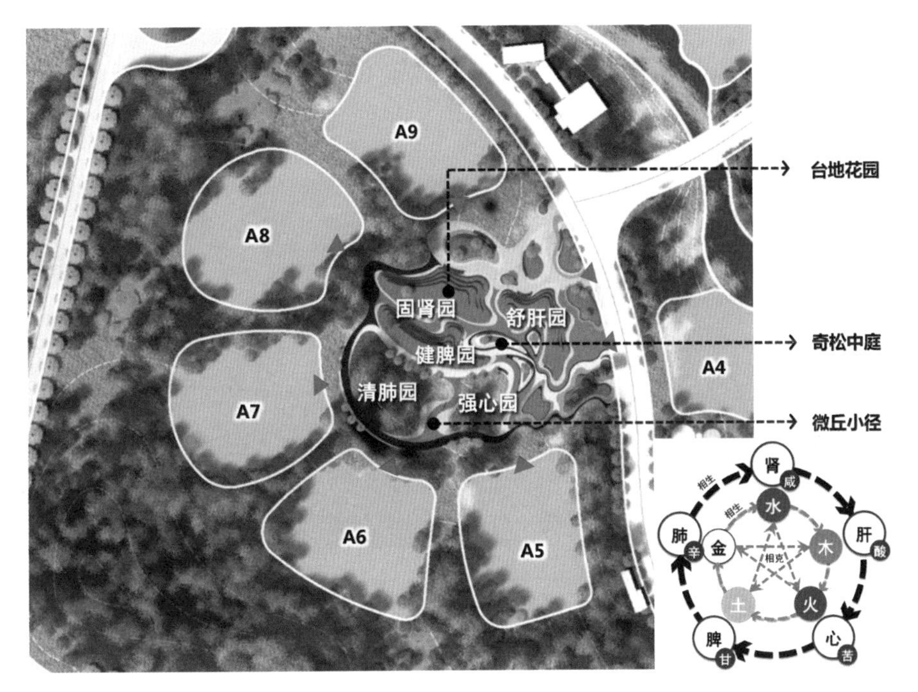

图 6-21 百草园深化设计总平面图

百草园内采用江南乡土植物和药用植物品种，运用浙江园林中常用的近自然、群落化植物景观设计手法。扬州世园会是疫情后全球首个如期举办的国际性园艺盛会，本设计充分挖掘“康养、保健”理念，多选择一些具有康养、保健等功能的园艺植物、药用植物品种，以植物专类园、主题花境等形式，构建“健康生活”主题园，既增加科普知识教育，又与会展主题相呼应。

五、“扬州印象”——市花市树园深化设计

扬州的市花分别是琼花和芍药。历史上许多文人墨客为琼花写下了动人的诗篇，“隋炀帝下扬州看琼花”的故事更让它披上了一层神秘的色彩。广陵芍药与洛阳牡丹齐名，早有“扬州芍药甲天下”之美誉（图 6-22）。

图 6-22 扬州市花——琼花与芍药

扬州市市树为银杏、柳树。银杏是珍贵果树和绿化观赏树种，在扬州各县（市、区）均有种植。柳树，春天开花，随风飘洒，婀娜多姿，为历代文人墨客吟咏绘画的题材（图 6-23）。

图 6-23　扬州市树——银杏与柳树

景观深化设计中，在世园会核心展区北入口，选取扬州市花之一的“琼花”和市树之一的“银杏”为主体，营造扬州印象花园。植物配置包括上层的银杏、七叶树、香橼、南京椴、巨紫荆、紫弹朴、香樟，中层的扬州琼花、天目琼花、欧洲琼花、八棱海棠、北美海棠等，以及下层的夏季宿根花卉、时令花卉（图 6-24）。

· 选取扬州市花“琼花”和市树“银杏”为主体，营造扬州印象花园，并通过开花类小乔木与宿根花卉、时花形成色彩缤纷的半围合入口空间
· **乔木树种**：银杏、七叶树、香橼、南京椴、巨紫荆、紫弹朴、香樟等
· **灌木及地被**：扬州琼花、天目琼花、欧洲琼花、八棱海棠、北美海棠、栀子花、圆锥绣球、夏鹃、金山绣线菊、金焰绣线菊、深蓝鼠尾草、蛇鞭菊、黑心菊、接骨木等

图 6-24　扬州印象花园植物景观深化设计图

第五节　活动策划

核心展区策划了四类活动以提升会展活力：一是特色活动，以彰显中华文化底蕴；二是园艺活动，以展现世界园艺特色；三是体育活动，以推广健康生活理念；四是日常活动，以营造精彩活力景区。

其中，为了深入体现世园会举办地扬州的特色，深化设计中还策划了“历史上的园艺”主题活动，取材于古籍《扬州画舫录》中关于扬州传统生活场景的描述，结合世博园及周边空间条件策划特色主题园林园艺活动。

《扬州画舫录》是清代戏曲作家李斗（1749~1817年，扬州仪征人）所著的笔记集，共十八卷，是一部宝贵的“清代扬州百科全书”，书中记载了扬州的城市区划、运河沿革，以及文物、园林、工艺、文学、戏曲、曲艺、书画、风俗、名人逸事等内容，保存了丰富的人文历史资料，历来为文史学者所重视（图6-25）。

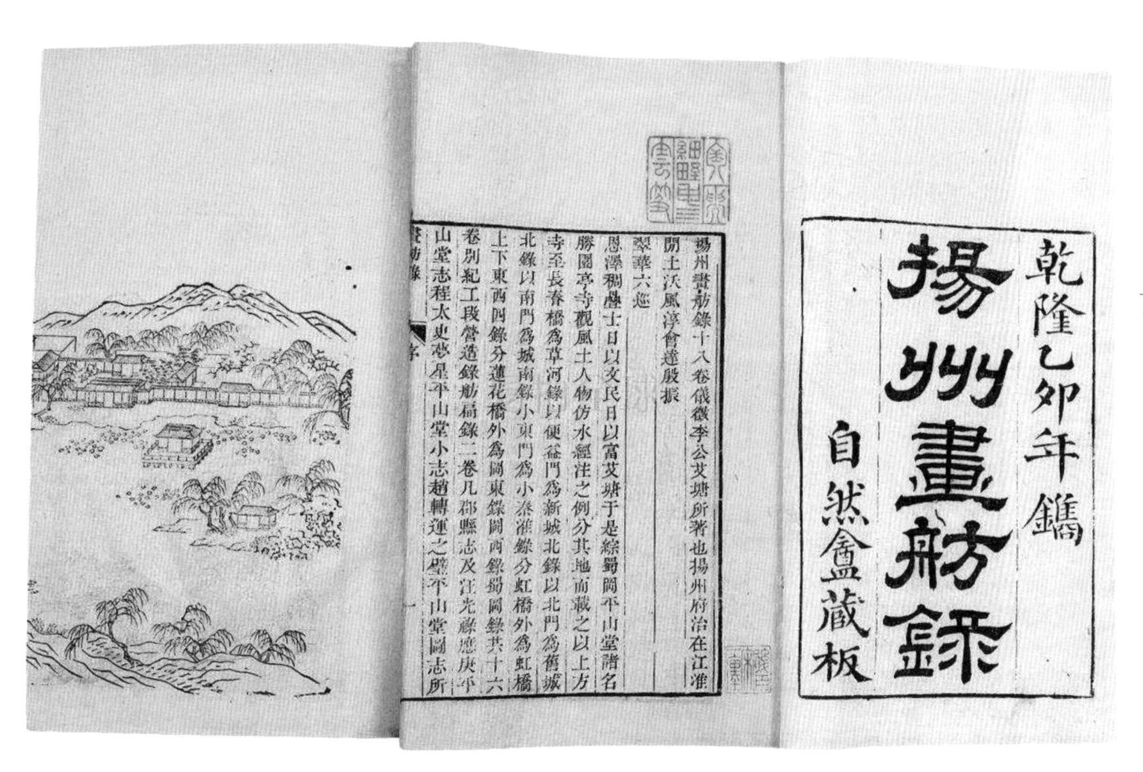

乾隆乙卯年鐫
揚州畫舫錄
自然盦藏板

揚州畫舫錄十八卷儀徵李公艾塘所著也揚州府治在江淮
閒土沃風淳會達殷振
翠華六巡
恩澤稠疊士日以文民日以富艾塘于是綜蜀岡平山堂諸名
勝園亭寺觀風土人物仿水經注之例分其地而藏之以上方
寺至長春橋爲草河錄以便益門爲新城北錄以北門爲舊城
北錄以南門爲城南錄小東門爲小秦淮錄分虹橋外爲虹橋
上下東西四錄分蓮花橋外爲岡東錄岡西錄蜀岡錄共十六
卷別紀工段營造錄舫扁錄二卷凡郡縣志及汪光祿應庚平
山堂志程太史夢星平山堂小志趙轉運之壁平山堂圖志所

畫舫錄　序　一

图6-25　清·李斗《扬州画舫录》

参考文献

[1]（东晋）郭璞.葬经[M].北京:华龄出版社，2017.

[2]（明）计成著，陈植注释.园冶注释[M].北京:中国建筑工业出版社，1988.

[3]（清）李斗.扬州画舫录[M].北京:中华书局出版社，2007.

[4] 安徽省地方志编委会办公室.安徽省志[M].北京:方志出版社，2016.

[5] 陈波.挺有意思的中国古典园林史[M].北京:中国电力出版社，2019.

[6] 陈波，卢山，胡高鹏，张仕龙，王月瑶.浙派园林学（上、下册）[M].北京:中国电力出版社，2021.

[7] 陈从周.说园[M].上海:同济大学出版社，2007.

[8] 陈志坚.江东还是江南——六朝隋唐的“江南”研究及反思[J].求是学刊，2020，45（2）:161-172.

[9] 成玉宁.中国园林史（20世纪以前）[M].北京:中国建筑工业出版社，2018.

[10] 方晓东.传承地域性历史文化的城市公园景观设计研究——以桂林市訾洲公园为例[J].现代装饰（理论），2015（9）:69.

[11] 郭因主编.中国地域文化通览.安徽卷[M].北京:中华书局，2013.

[12] 郭月祥.基于地域文化的山东聊城东昌公园设计研究[D].杨凌:西北农林科技大学，2013.

[13] 贺云翱，周运中.文化江苏[M].南京:江苏人民出版社，2017.

[14] 江苏省城市规划设计研究院，江苏省城市交通规划研究中心.2021扬州世界园艺博览会世博园项目景观初步设计[R].2020.

[15] 江苏省地方志编纂委员会.江苏省志简编[M].南京:江苏凤凰电子音像出版社，2011.

[16] 居阅时.江南建筑与园林文化[M].上海:上海人民出版社，2019.

[17] 李伯重.简论“江南地区”的界定[J].中国社会经济史研究，1991（1）:100-107.

[18] 李昉.乡土化景观研究[D].南京:南京林业大学，2007.

[19] 李倞，杨璐.后疫情时代风景园林聚焦公共健康的热点议题探讨[J].风景园林，2020，27（9）:10-16.

[20] 李树华，姚亚男，刘畅，等.绿地之于人体健康的功效与机理:绿色医学的提案[J].中国园林，2019，35（6）:5-11.

[21] 李瑞君.建筑艺术设计十论[M].北京:中国电力出版社，2008.

[22] 林箐，王向荣.地域特征与景观形式[J].中国园林，2005（6）:16-24.

[23] 刘滨谊，郭璁.规划设计促进人类健康:美国“设计推动的积极生活”计划及启示[J].建筑，2005（6）:13-16.

[24] 刘冬红，杨立新.世界园艺博览会发展历程与特点分析[J].沈阳农业大学学报（社会科学版），2015，17（1）:93-97.

[25] 刘敦桢.苏州古典园林[M].北京:中国建筑工业出版社，2005.

[26] 刘士林.大运河城市文化模式初探[J].南通大学学报，2008，24（1）:2-4.

[27] 刘士林 . 都市文化学 : 结构框架与理论基础［ J ］. 上海师范大学学报（哲学社会科学版）， 2007（3）: 5–8.
[28] 刘士林 . 江南文化资源研究［ M ］. 南昌 : 百花洲文艺出版社， 2018.
[29] 刘士林， 苏晓静， 王晓静，等 . 江南文化理论［ M ］. 上海 : 上海人民出版社， 2019.
[30] 马建辉 . 江南水乡地区传统民居中的水生态设计及运用［ D ］. 南京 : 东南大学， 2015.
[31] 马学强 . 近代上海成长中的 “江南因素”［ J ］. 史林， 2003（3）: 41–52.
[32] 南楠 . 园林展规划策略和会后利用研究［ D ］. 北京 : 北京林业大学， 2007.
[33] 任京燕 . 巴西风景园林设计大师布雷・马科斯的设计及影响［ J ］. 中国园林， 2000， 16（5）: 60–63.
[34] 上海百科全书编辑委员会 . 上海百科全书［ M ］. 上海 : 上海科技出版社， 2010.
[35] 上海通志编纂委员会 . 上海通志［ M ］. 上海 : 上海人民出版社， 2005.
[36] 彭一刚 . 中国古典园林分析［ M ］. 北京：中国建筑工业出版社， 1986.
[37] 佘德余 . 浙江文化简史［ M ］. 北京 : 人民出版社， 2006.
[38] 沈清基 . 城市生态与城市环境［ M ］. 上海 : 同济大学出版社， 2000.
[39] 孙筱祥 . 生境・画境・意境——文人写意山水园林的艺术境界及其表现手法［ J ］. 风景园林， 2013（6）: 26–33
[40] 孙逊， 吴孟庆， 沈祖炜主编 . 中国地域文化通览 . 上海卷［ M ］. 北京 : 中华书局， 2013.
[41] 童寯 . 江南园林志［ M ］. 北京 : 中国建筑工业出版社， 1984.
[42] 谭其骧 . 中国历史地图集［ M ］. 北京：中国地图出版社，1996.
[43] 王雨田 . 基于地域特色感知的博览园规划设计研究［ D ］. 北京 : 北京林业大学， 2019.
[44] 王月瑶，陈波 . 后疫情时代扬州世园会主题构思与体现［ J ］. 浙江农业科学，2021.
[45] 吴燕妮 . 江南地区地域性景观设计研究［ D ］. 上海 : 上海交通大学， 2011.
[46] 徐蕾 . 海南园林景观的地域性研究［ D ］. 海口 : 海南大学， 2013.
[47] 薛松 . 张景岳医易五行思想探析［ A ］/ 中华中医药学会中医药文化分会全国中医药文化学术研讨会论文集［ C ］. 中华中医药学会， 2010.
[48] 杨建新主编 . 浙江文化地图［ M ］. 杭州 : 浙江摄影出版社， 2011.
[49] 俞孔坚 . 以土地的名义 : 对景观设计的理解［ J ］. 建筑创作， 2003（7）: 28–29.
[50] 张保伟 . 基于体验经济的主题公园游客满意度研究——以中华恐龙园为例［ J ］. 中国商贸， 2014（7）: 153–154.
[51] 张海鹏主编， 王长安撰稿 . 安徽文化史［ M ］. 南京 : 南京大学出版社， 2000.
[52] 赵钢 . 地域文化回归与地域建筑特色再创造［ J ］. 华中建筑， 2001， 19（2）: 12–13.
[53] 周维权 . 中国古典园林史［ M ］. 北京 : 清华大学出版社， 2008.
[54] 周向频 . 跨越园林新世纪——全球化趋势与中国园林的境遇及发展［ J ］. 城市规划汇刊， 2001（2）: 31–35.
[55] 周勋初主编 . 中国地域文化通览 . 江苏卷［ M ］. 北京 : 中华书局， 2013.
[56] 周振鹤 . 释江南［ M ］. 上海 : 上海古籍出版社， 1992.
[57] 朱建宁 . 西方园林史［ M ］. 北京 : 中国林业出版社， 2008.
[58] 朱建宁 . 基于场地特征的景观设计［ R ］. 第五届现代景观规划与营建学术论坛， 2007， 4.
[59] 朱建宁， 马会岭 . 立足自我、因地制宜， 营造地域性园林景观［ J ］. 风景园林， 2004（5）: 52–55.
[60]（美）凯文・林奇著， 方益萍， 何晓军译 . 城市意象［ M ］. 北京 : 华夏出版社， 2001.
[61]（日）针之谷钟吉著， 邹洪灿译 . 西方造园变迁史［ M ］. 北京 : 中国建筑工业出版社， 1991.
[62] Frampton K. Towards a Critical Regionalism: Six Points for an Architecture of Resistance ［ M ］. Bay Press, 1983.
[63] Lu Z N, Chen H Y, Hao Y, et al. The Dynamic Relationship Between Environmental Pollution, Economic Development and Public Health: Evidence from China［ J ］. Journal of Cleaner Production, 2017, 166: 134–147.
[64] Luis Barragan. Barragan: the complete works ［ M ］. New York: Princeton Architectural Press, 1996.
[65] Sima Elivson. The Gardens of Rberto Burle Marx ［ M ］. Sagapess, Inc/Timber Press, Inc, 1991.